# Sputnik
## Mathematik
## 2

Erarbeitet von:

Isaac Braun
Zilla Lemberger Freedmann
Sarah Zeevi

Unter beratender Mitwirkung von:

Andrea Maria Halden
Friederike Schön
Holger Wustmann

Illustrationen von:

Susann Hesselbarth



Westermann

# Inhaltsverzeichnis

## Wiederholung

## Die Zahlen bis 100



## Addieren und Subtrahieren bis 100

## Multiplizieren

## Dividieren



## Übungen im Zahlenraum bis 100

## Farberläuterung

- Zahlen und Operationen
- Raum und Form
- Muster und Strukturen
- Größen und Messen
- Daten, Zufall und Wahrscheinlichkeit
- Wiederholung

1 Erzähle und finde Aufgaben. 

1) Frage: Wie viele Enten bleiben übrig?
Rechnung: 7 – 4 = 3

2 Zu welchen Fragen kannst du rechnen?

a) Wie lange dauert die Bootsfahrt?
b) Wie viel muss Jan bezahlen?
c) Was ist Jans Lieblingseis?

a) Was essen die Schafe am liebsten?
b) Wie viele Schafe laufen weg?
c) Warum gehen sechs Schafe weg?

a) Wie viele Würstchen hat Herr Huber gegrillt?
b) Wie viele Würstchen wurden schon aufgegessen?
c) Wann hat Maja ein Würstchen gegessen?

a) Wann wollen Lea und Tim die Fische grillen?
b) Wie viele Fische leben im See?
c) Wie viele Fische sind gefangen worden?

3 Rechne.

a) Mia kauft sich ein Eis und eine Limo.

b) Maja, Ronja und Malte machen eine Bootsfahrt.

c) Paul hat 20 €. Er kauft sich einen Ball und Pommes.

d) Zwölf Kinder haben sich zum Reiten angemeldet. Drei sind krank und kommen nicht.

e) Asli kauft ein Eis für Anton und eins für sich.

f) Neun Mädchen und sieben Jungen wollen in den Bergen klettern.

Male oder schreibe eigene Rechengeschichten zu deinen Sommerferien.

# Rechenstrategien

| 3 + 4 = 7 | ✓ |
|---|---|
| 7 + 7 = 14 | ✓ |
| 2 + 1 = 3 | ✓ |
| 8 + 7 = 15 | ✓ |
| 9 + 9 = 18 | ✓ |

**1** Schau dir an wie Pia und Mario rechnen. Wähle geschickt und rechne.

| 9 + 3 = 12 |
|---|
| 9 + 1 = 10 |
| 10 + 2 = 12 |

| 8 + 9 = 17 |
|---|
| 8 + 8 = 16 |
| 16 + 1 = 17 |

| a) | b) | c) | d) | e) |
|---|---|---|---|---|
| 4 + 8 = ☐ | 7 + 5 = ☐ | 8 + 4 = ☐ | 5 + 6 = ☐ | 9 + 5 = ☐ |
| 7 + 6 = ☐ | 4 + 9 = ☐ | 9 + 2 = ☐ | 8 + 8 = ☐ | 8 + 7 = ☐ |
| 2 + 9 = ☐ | 9 + 7 = ☐ | 7 + 9 = ☐ | 8 + 6 = ☐ | 3 + 8 = ☐ |
| 5 + 7 = ☐ | 6 + 8 = ☐ | 8 + 3 = ☐ | 3 + 8 = ☐ | 6 + 9 = ☐ |
| 9 + 8 = ☐ | 7 + 8 = ☐ | 9 + 6 = ☐ | 4 + 7 = ☐ | 7 + 7 = ☐ |
| 6 + 5 = ☐ | 6 + 7 = ☐ | 9 + 9 = ☐ | 6 + 6 = ☐ | 9 + 4 = ☐ |

**2** Wähle geschickt und rechne.

| 13 − 7 = 6 |
|---|
| 13 − 3 = 10 |
| 10 − 4 = 6 |

| 14 − 8 = 6 |
|---|
| 14 − 10 = 4 |
| 4 + 2 = 6 |

| a) | b) | c) | d) | e) |
|---|---|---|---|---|
| 12 − 6 = ☐ | 13 − 4 = ☐ | 14 − 6 = ☐ | 11 − 5 = ☐ | 12 − 4 = ☐ |
| 14 − 6 = ☐ | 11 − 8 = ☐ | 15 − 7 = ☐ | 15 − 6 = ☐ | 15 − 9 = ☐ |
| 17 − 8 = ☐ | 17 − 9 = ☐ | 11 − 6 = ☐ | 13 − 5 = ☐ | 13 − 6 = ☐ |
| 16 − 7 = ☐ | 14 − 7 = ☐ | 13 − 7 = ☐ | 12 − 8 = ☐ | 15 − 8 = ☐ |
| 11 − 3 = ☐ | 18 − 9 = ☐ | 12 − 7 = ☐ | 13 − 8 = ☐ | 12 − 5 = ☐ |
| 12 − 8 = ☐ | 16 − 8 = ☐ | 11 − 9 = ☐ | 16 − 9 = ☐ | 11 − 4 = ☐ |

**3** Rechne und setze fort.

| a) | b) | c) | d) | e) |
|---|---|---|---|---|
| 18 – 3 = __ | 14 + 6 = __ | 2 + 2 = __ | 3 + 4 = __ | 17 – 8 = __ |
| 18 – 4 = __ | 15 + 5 = __ | 3 + 3 = __ | 4 + 5 = __ | 16 – 8 = __ |
| 18 – 5 = __ | 16 + 4 = __ | 4 + __ = __ | 5 + 6 = __ | 15 – __ = __ |
| 18 – __ = __ | 17 + __ = __ | 5 + __ = __ | __ + __ = __ | __ – __ = __ |
| __ – __ = __ | __ + __ = __ | __ + __ = __ | __ + __ = __ | __ – __ = __ |
| __ – __ = __ | __ + __ = __ | __ + __ = __ | __ + __ = __ | __ – __ = __ |

| f) | g) | h) | i) |
|---|---|---|---|
| 1 + 9 = __ | 17 – 6 = __ | 16 – 10 = __ | 5 + 3 = __ |
| 2 + 8 = __ | 16 – 5 = __ | 15 – 8 = __ | 5 + 4 = __ |
| 3 + __ = __ | 15 – __ = __ | 14 – __ = __ | 5 + __ = __ |
| __ + __ = __ | __ – __ = __ | __ – __ = __ | __ + __ = __ |
| __ + __ = __ | __ – __ = __ | __ – __ = __ | __ + __ = __ |
| __ + __ = __ | __ – __ = __ | __ – __ = __ | __ + __ = __ |

**4** Welche Aufgabe passt nicht? Ändere sie und rechne.

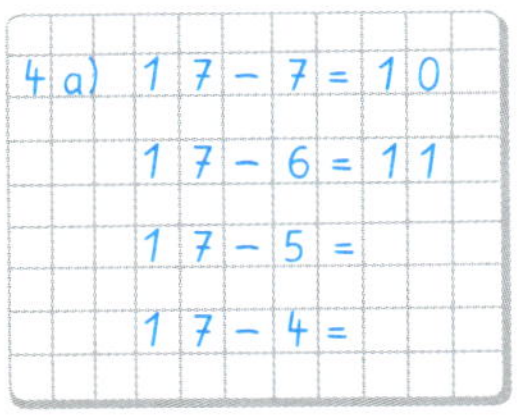


| a) | b) | c) | d) |
|---|---|---|---|
| 17 – 7 = __ | 4 + 6 = __ | 14 – 2 = __ | 11 + 4 = __ |
| 17 – 6 = __ | 5 + 6 = __ | 15 – 3 = __ | 12 + 4 = __ |
| 17 – 5 = __ | 6 + 6 = __ | 16 – 4 = __ | 13 + 4 = __ |
| 17 – 5 = __ | 2 + 6 = __ | 17 – 1 = __ | 14 + 5 = __ |
| 17 – 3 = __ | 8 + 6 = __ | 18 – 6 = __ | 15 + 4 = __ |
| 17 – 2 = __ | 9 + 6 = __ | 19 – 7 = __ | 16 + 4 = __ |

Erfinde eigene Aufgabenreihen für ein anderes Kind.

**5** In jedem Päckchen gibt es zwei Fehler. Schreibe die verbesserte Aufgabe ins Heft.

| a) | b) | c) | d) |
|---|---|---|---|
| 19 – 1 = 18 | 8 + 4 = 12 | 16 – 3 = 13 | 7 + 7 = 14 |
| 19 – 2 = 17 | 9 + 6 = 14 | 13 – 2 = 11 | 14 – 8 = 9 |
| 19 – 3 = 14 | 10 + 3 = 13 | 11 – 7 = 9 | 9 + 7 = 16 |
| 19 – 4 = 15 | 7 + 7 = 15 | 9 + 2 = 11 | 16 – 8 = 6 |
| 19 – 5 = 14 | 6 + 5 = 11 | 11 + 5 = 13 | 6 + 6 = 12 |
| 19 – 6 = 11 | 8 + 9 = 17 | 13 + 6 = 19 | 12 – 7 = 5 |

So kannst du Zahlenmauern und Rechendreiecke in dein Heft zeichnen:

1 Zeichne die Zahlenmauern in dein Heft und rechne.

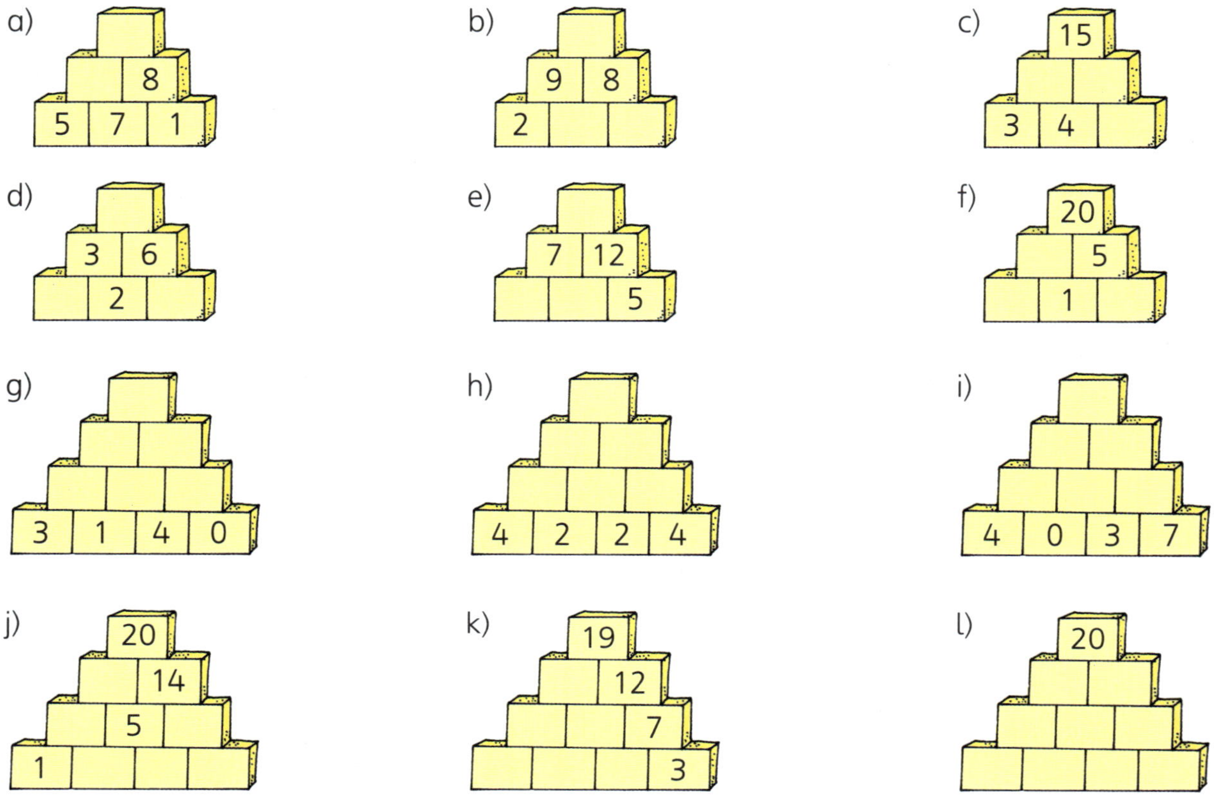


Untersuche und probiere aus.

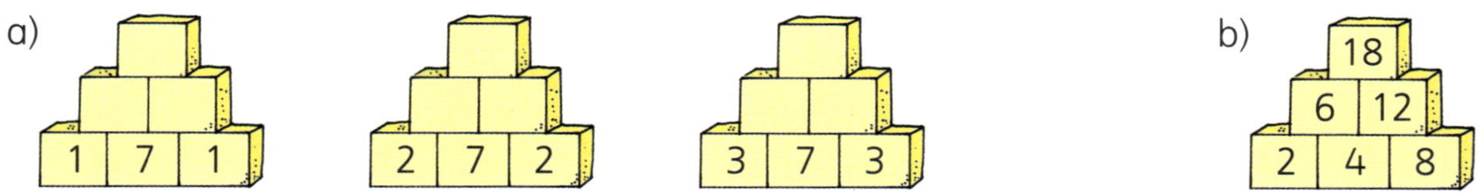

 Für die Rechenmauern und Rechendreiecke gibt es im Lehrerhandbuch Blanko-Kopiervorlagen.

**2** Übertrage die Rechendreiecke in dein Heft und ergänze die fehlenden Zahlen.

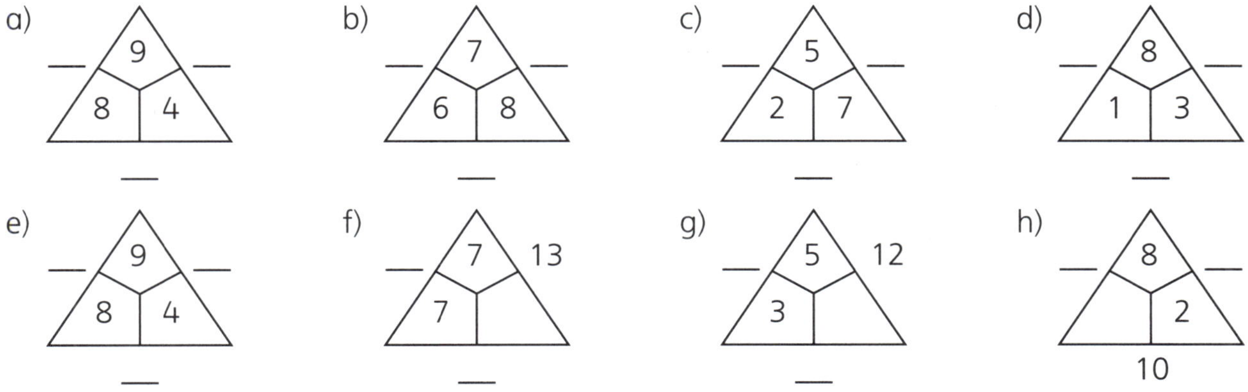


Welche Zahlen passen? Rechne und probiere aus.

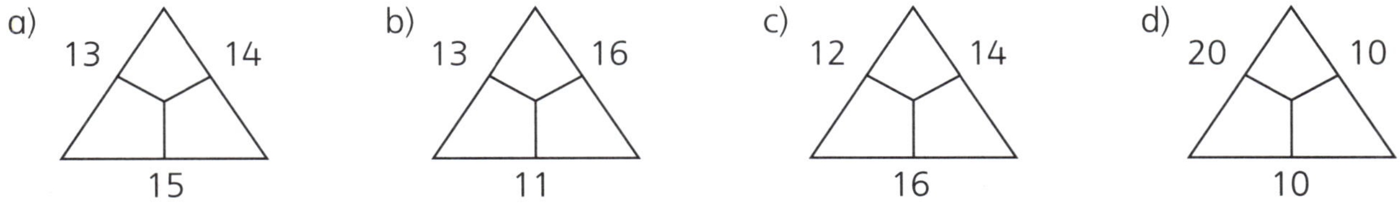

**3** Schreibe alle Additions- und Subtraktionsaufgaben auf.

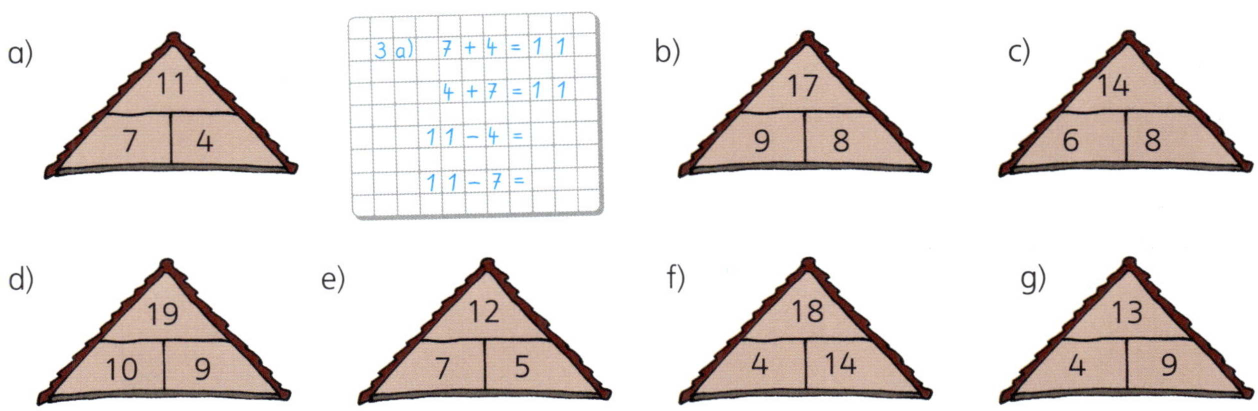


**4** Finde Zahlen und schreibe alle Rechenaufgaben auf.

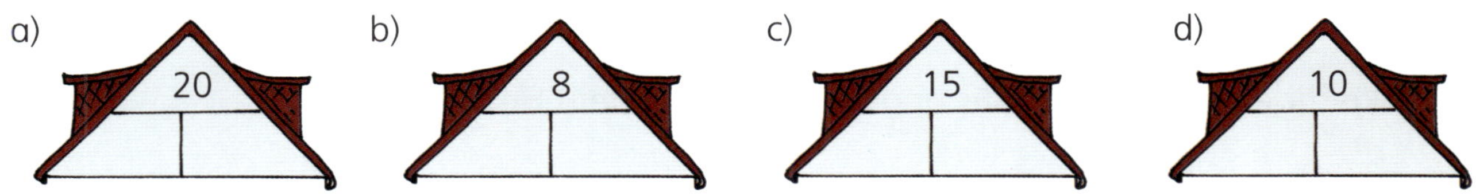

# 4 Muster und Parkettierungen

**1** Baue nach und zeichne in dein Heft.

a) 

b) 

c) 

d) 

e) 

f) 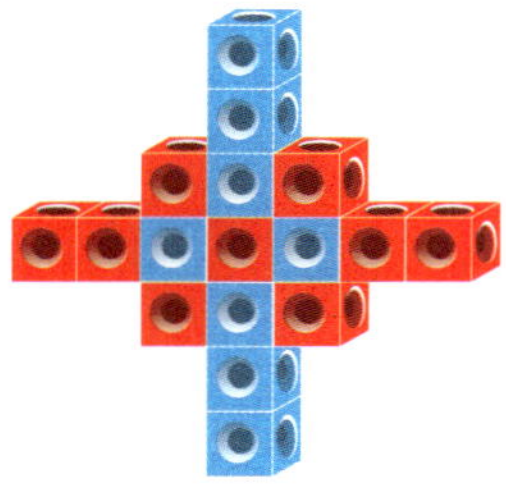

g) 

h) 

i) 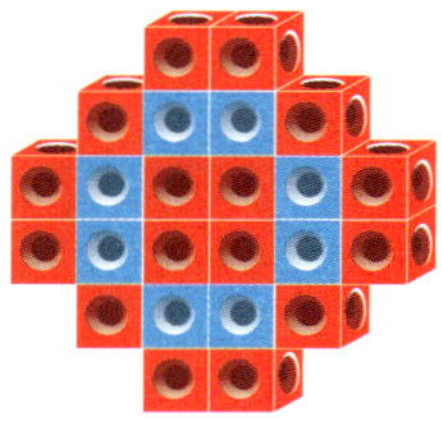

j) 

Baue eigene Gebäude und lass ein anderes Kind zeichnen. 

**2** Zeichne das Muster in dein Heft und setze es fort.

a) 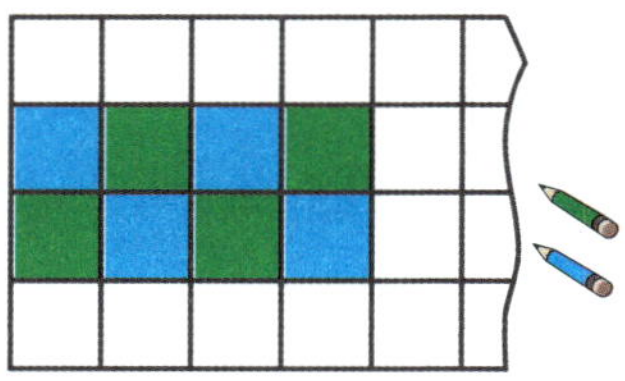

b) 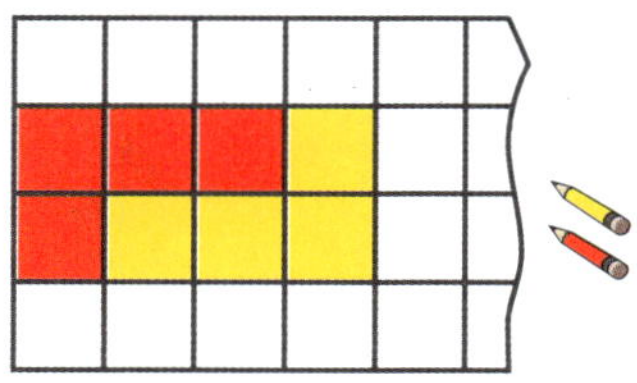

c) 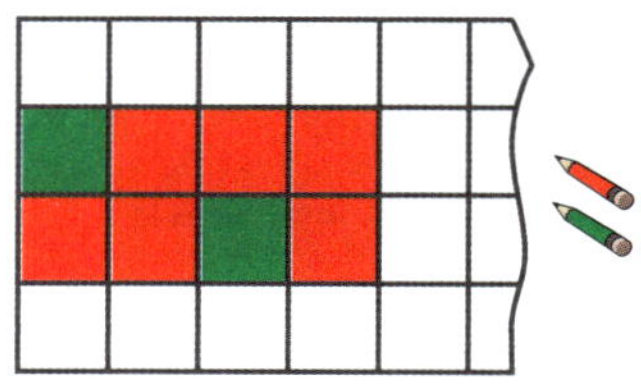

d) 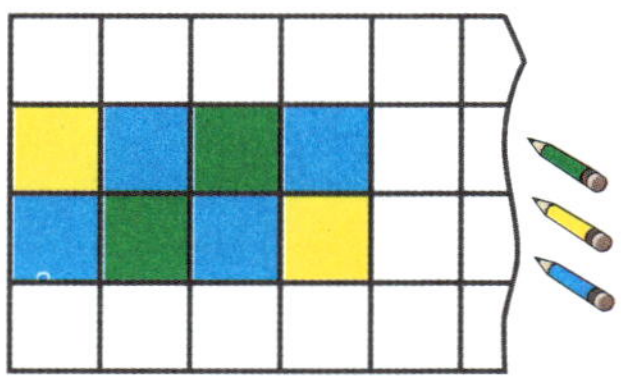

e) 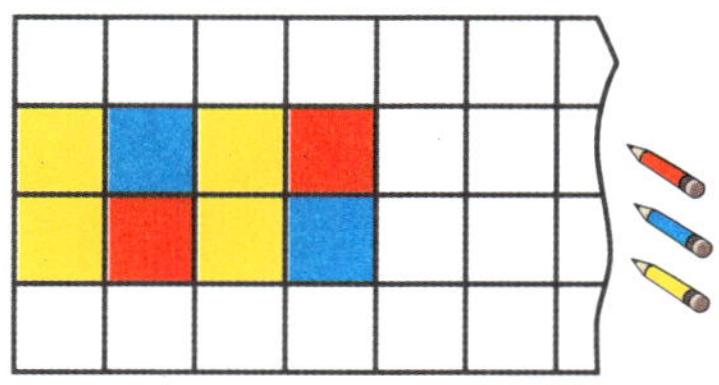

f) 

Denke dir eigene Muster aus und zeichne sie in dein Heft.

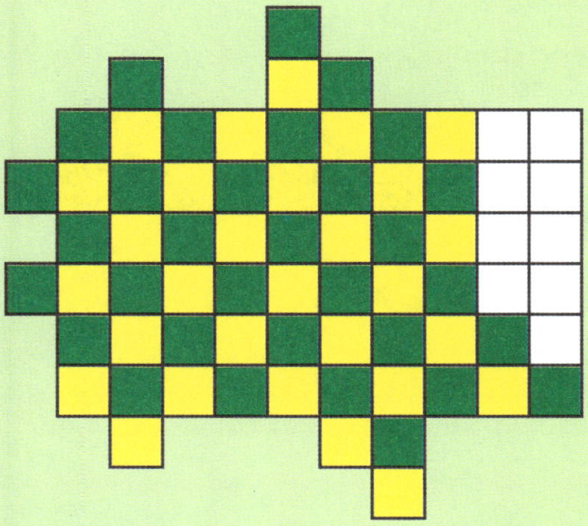

3 Zeichne in dein Heft und setze fort.

a) 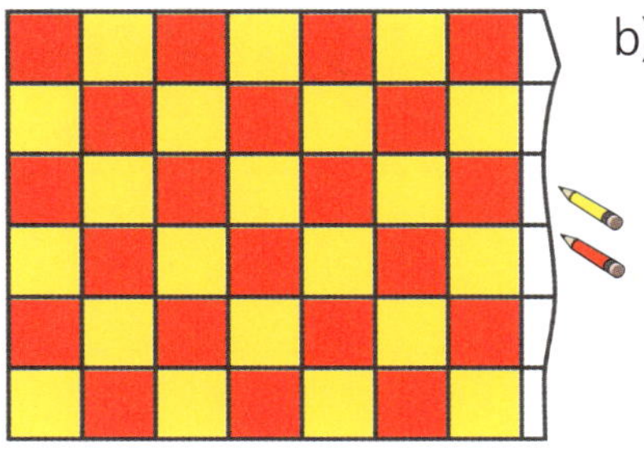

b) 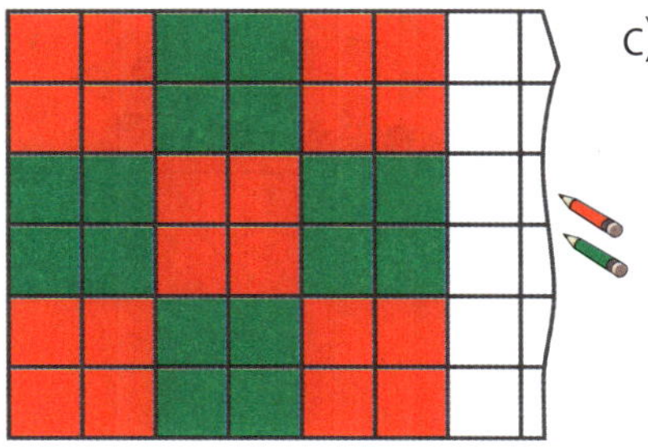

c) 

d) 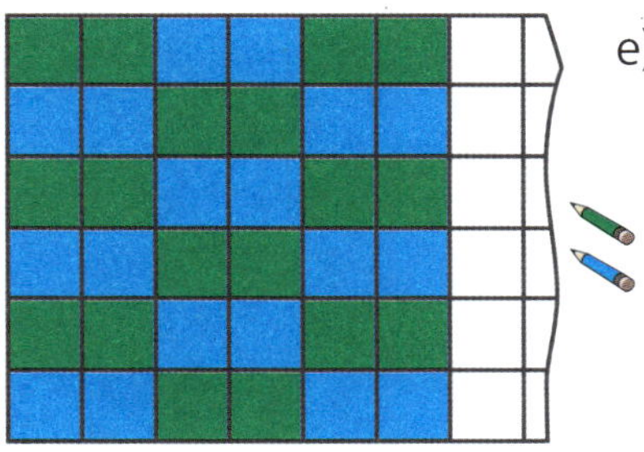

e) 

f) 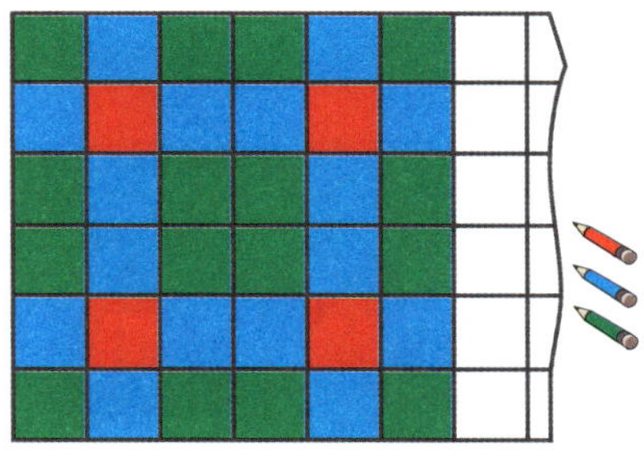

Zeichne in dein Heft und setze fort.

a) 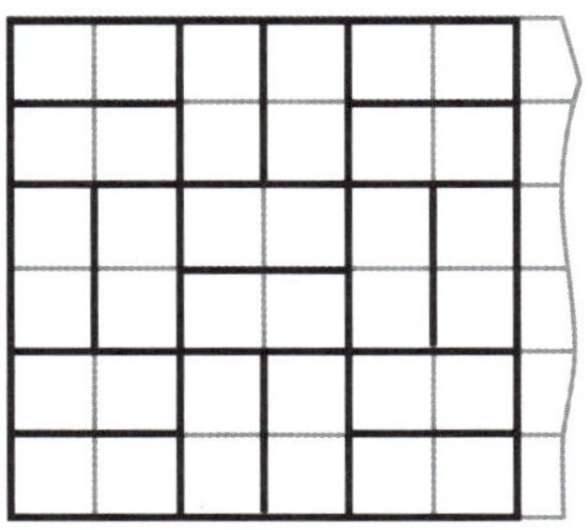

b) 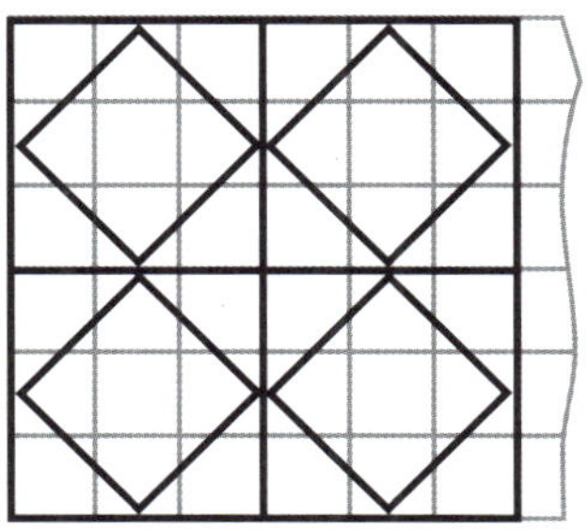

c) 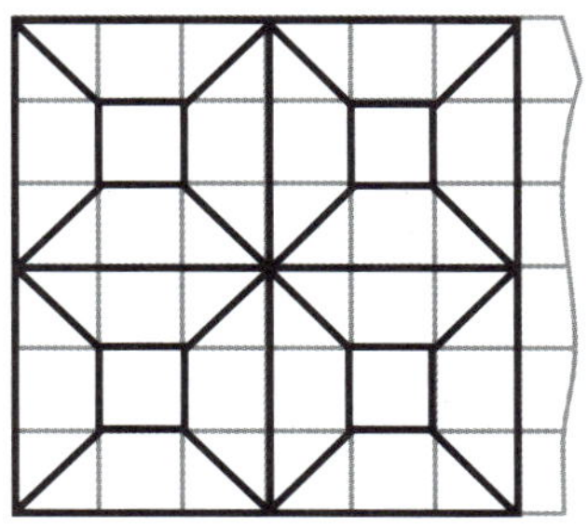

Erfinde eigene Parkettmuster und zeichne sie in dein Heft.

# 5 Die Zahlen bis 100

**1** Schätze und kontrolliere danach.

a)

10 20 30

b)
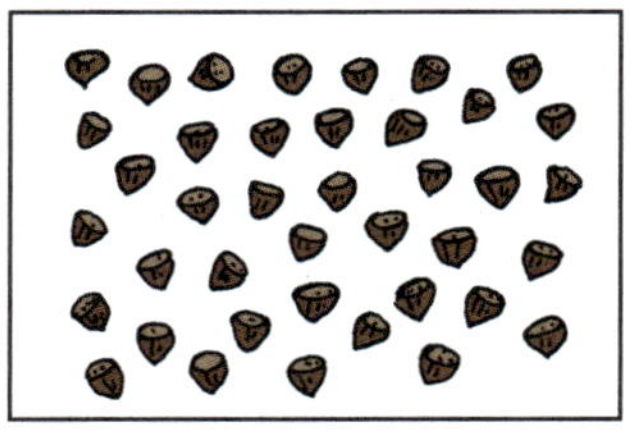
40 50 60

c)
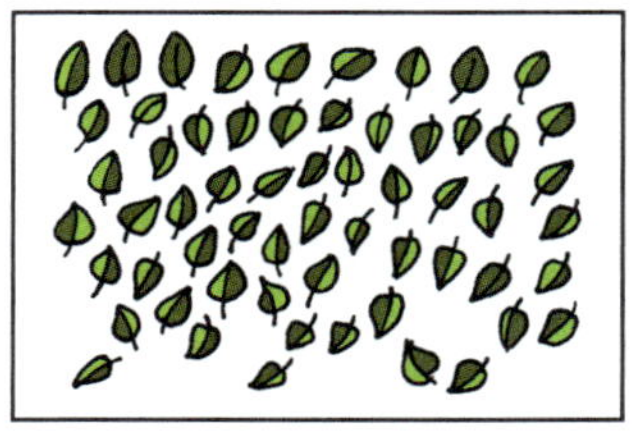
60 70 80

**2** Bestimme die Anzahl.

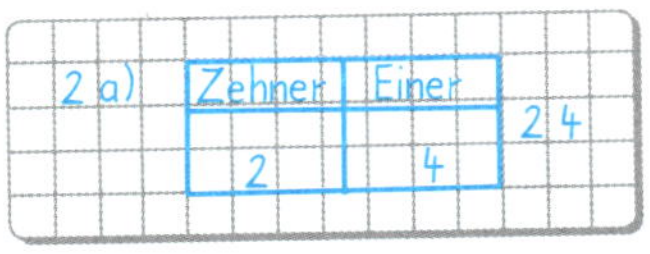


a)

b)
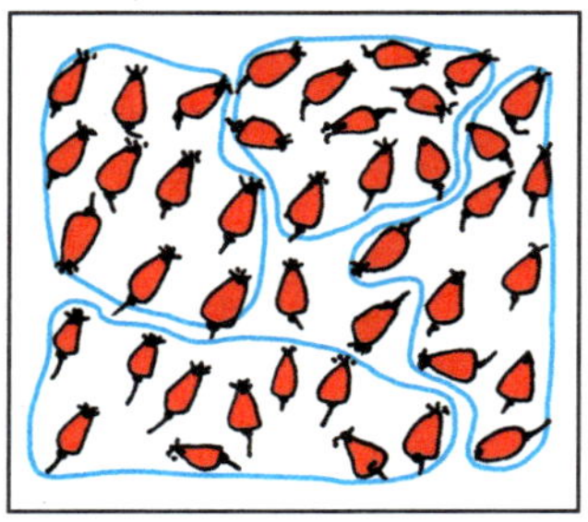

c)
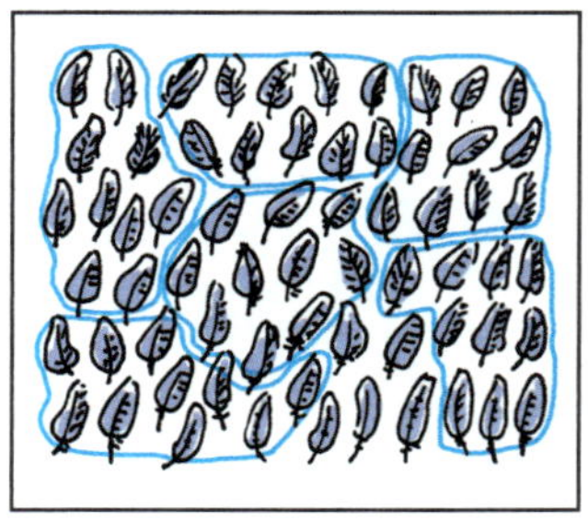

d)
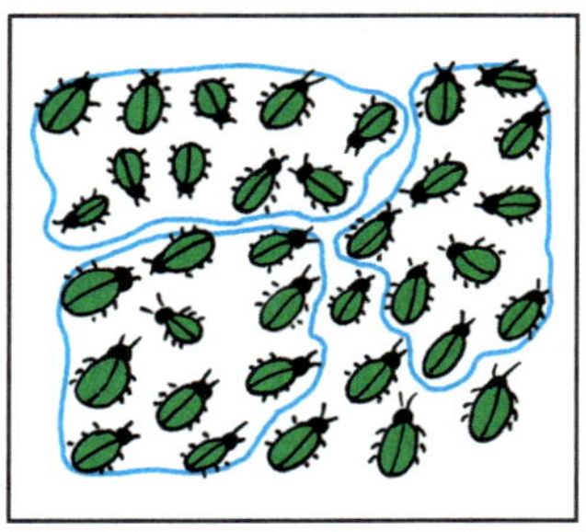

e)
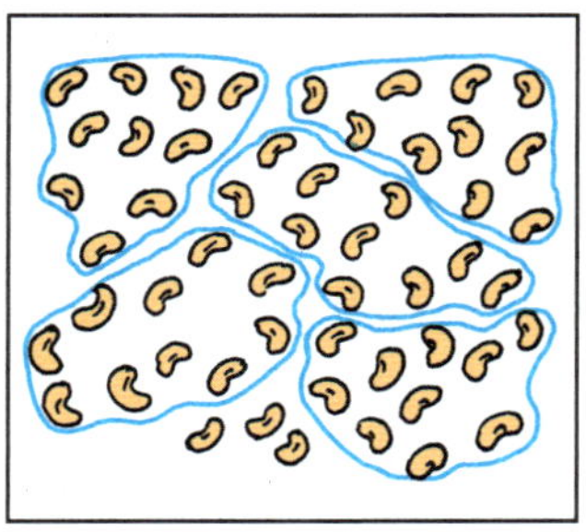

f)

Male eigene Schätzbilder und lass andere Kinder schätzen und bündeln.

## 3 Wie heißt die Zahl?

a) 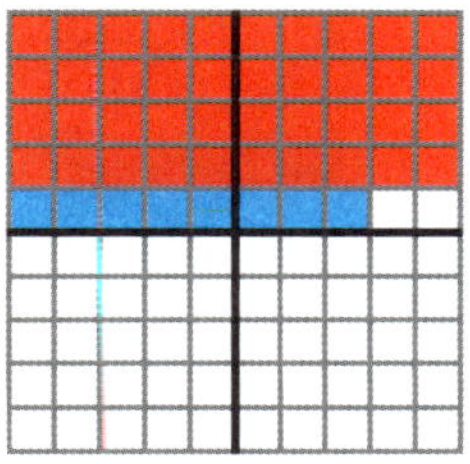

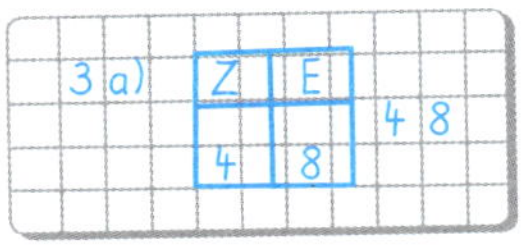


b) 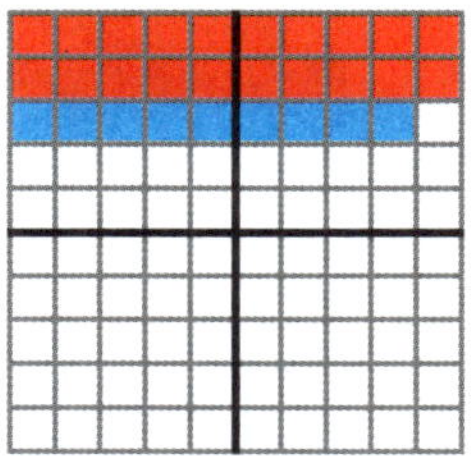

c) 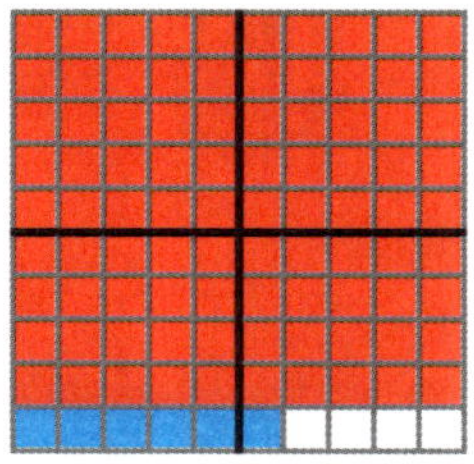

d) 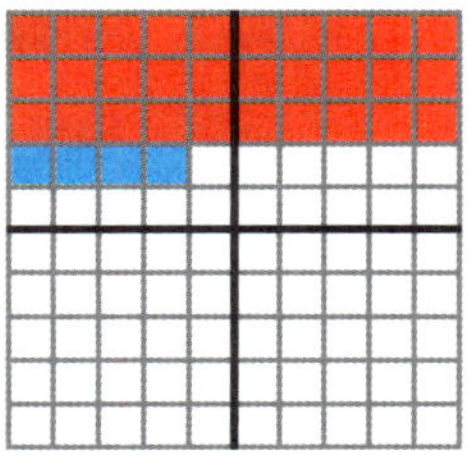

e) 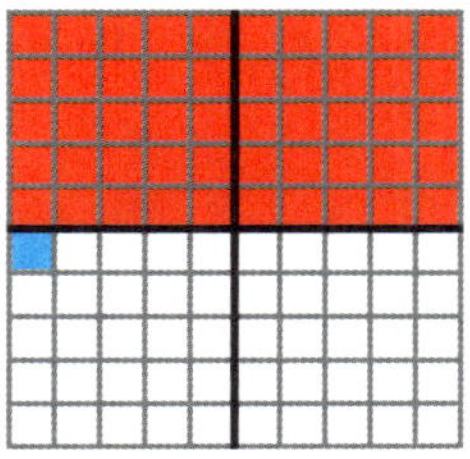

f) 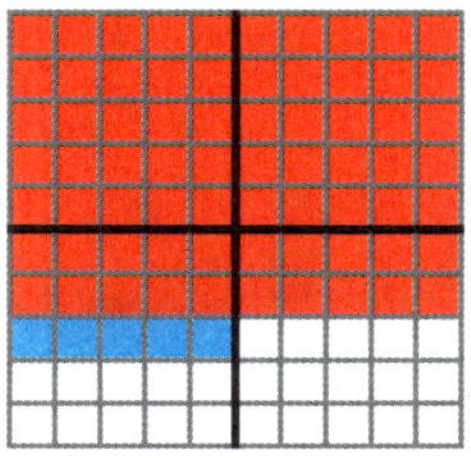

g) 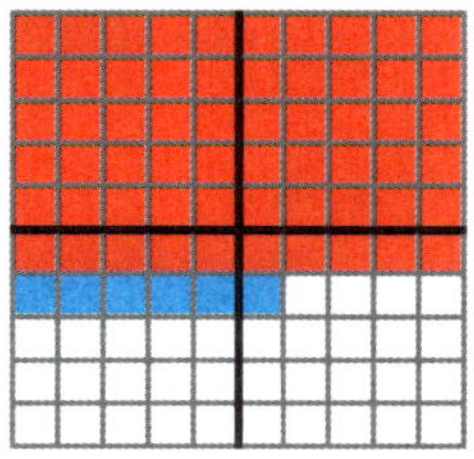

## 4 Wie heißt die Zahl?

a) 

b) 

c) 

d) 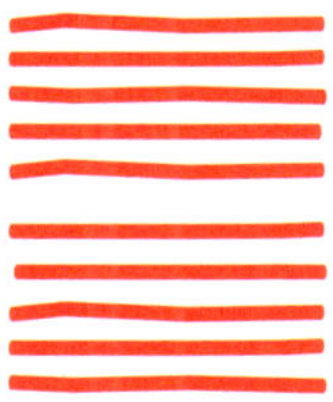

e) 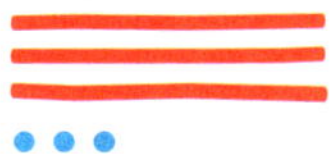

f) 

## 5 Lege die Zahl mit Steckwürfelstangen und Steckwürfeln in das Hunderterfeld und schreibe wie in Aufgabe 4 in dein Heft.

| | | | | | |
|---|---|---|---|---|---|
| a) 22 | b) 53 | c) 81 | d) 77 | e) 93 | f) 47 |
| g) 59 | h) 57 | i) 37 | j) 41 | k) 66 | l) 58 |
| m) 13 | n) 72 | o) 30 | p) 64 | q) 95 | r) 49 |

# 6 Rechnen am Hunderterfeld

**1** Bilde Aufgaben und rechne.

a) 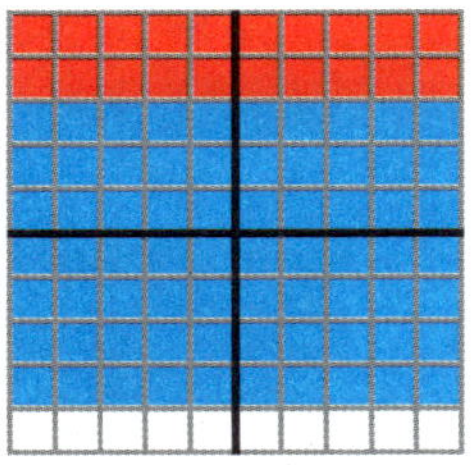
b) 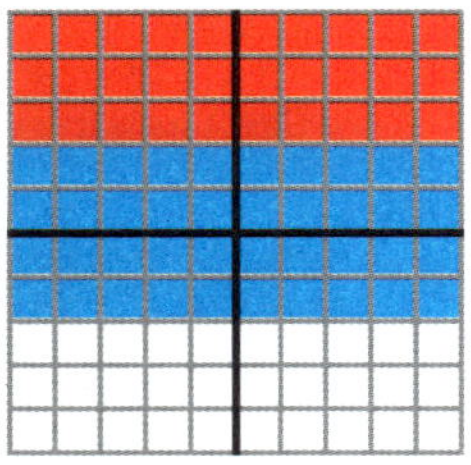
c) 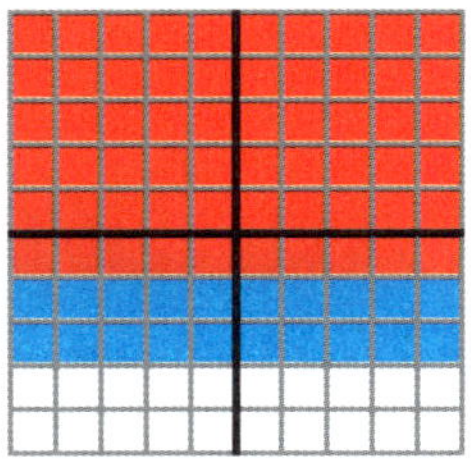
d) 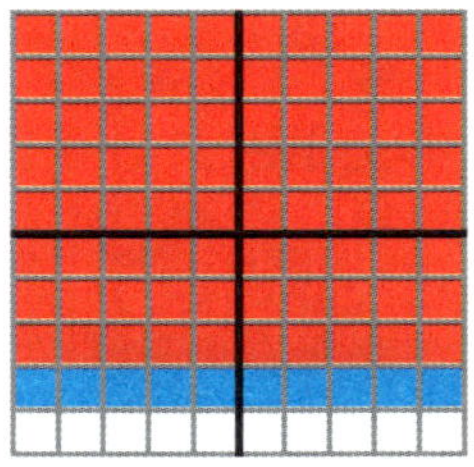

e) 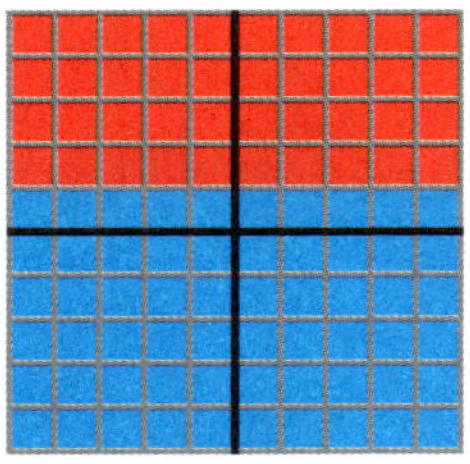
f) 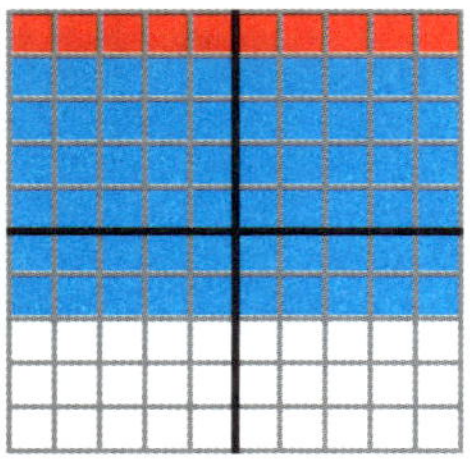
g) 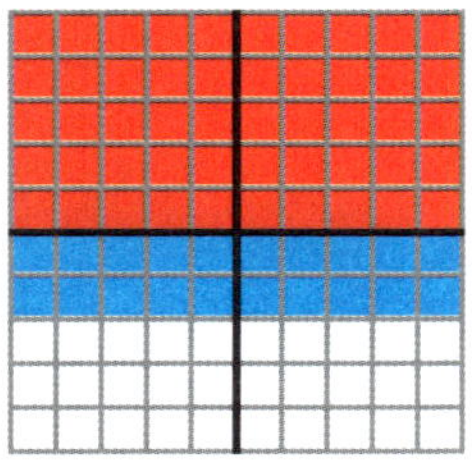
h) 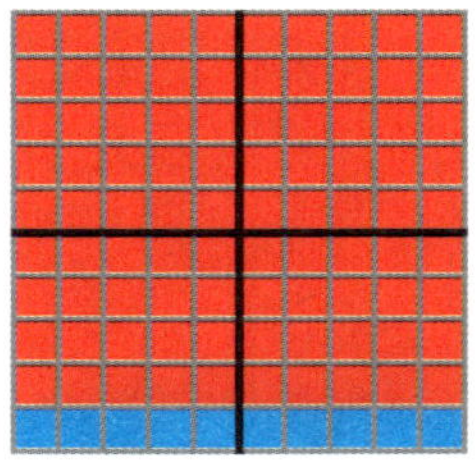

**2** Bilde Aufgaben und rechne.

2 a) 20 + 40 = 60

a) 
b) 
c) 
d) 
e) 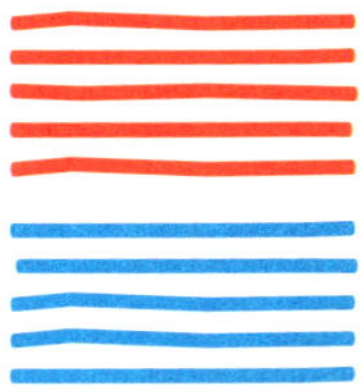

**3** Setze fort und rechne.

| a) | b) | c) | d) |
|---|---|---|---|
| 10 + 10 = ☐ | 30 + 60 = ☐ | 50 + 50 = ☐ | 10 + 90 = ☐ |
| 10 + 20 = ☐ | 30 + 50 = ☐ | 60 + 40 = ☐ | 20 + 80 = ☐ |
| 10 + 30 = ☐ | 30 + 40 = ☐ | 70 + 30 = ☐ | 30 + 70 = ☐ |
| ☐ + ☐ = ☐ | ☐ + ☐ = ☐ | ☐ + ☐ = ☐ | ☐ + ☐ = ☐ |
| ☐ + ☐ = ☐ | ☐ + ☐ = ☐ | ☐ + ☐ = ☐ | ☐ + ☐ = ☐ |

**4** Berechne die Geldbeträge.

a) 
b) 
c) 
d) 

Mit Zehnerzahlen addieren. Bei Bedarf können die Aufgaben auch mit Steckwürfeln gelegt werden.

**5** Bilde Aufgaben und rechne.

a) 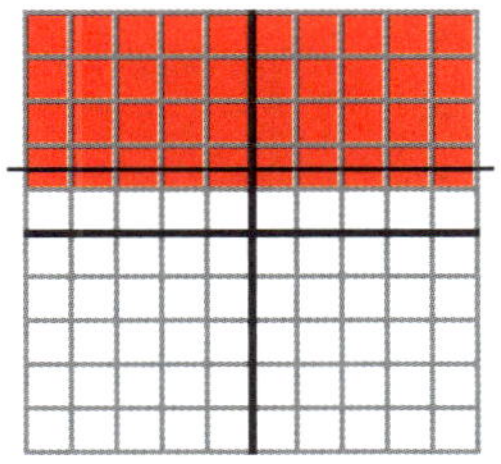 b) 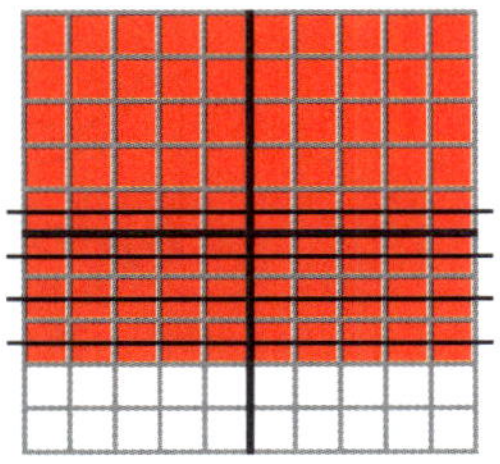 c) 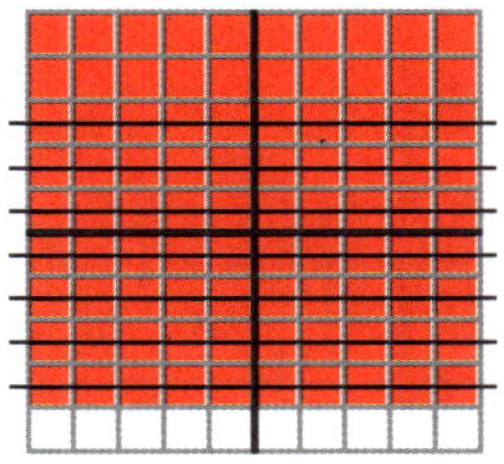 d) 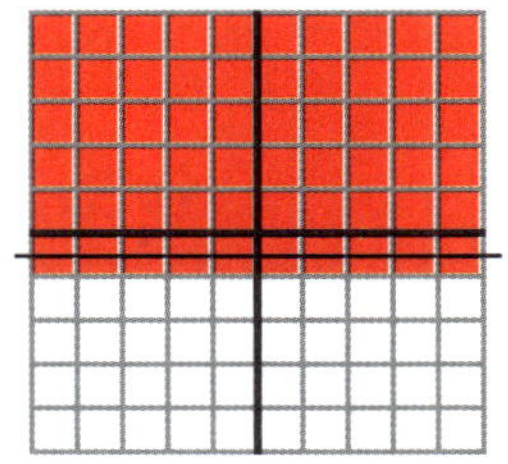

e) 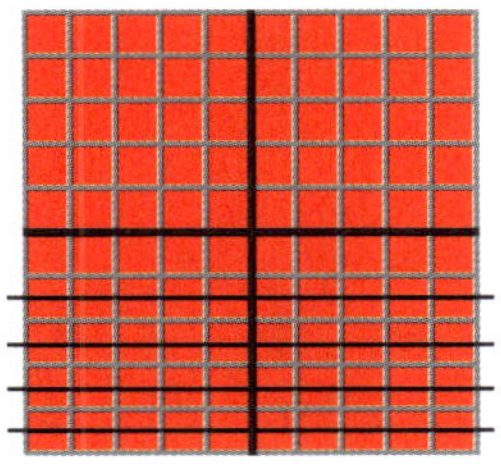 f) 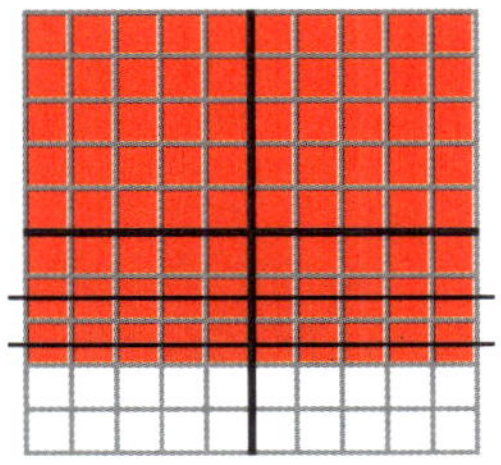 g) 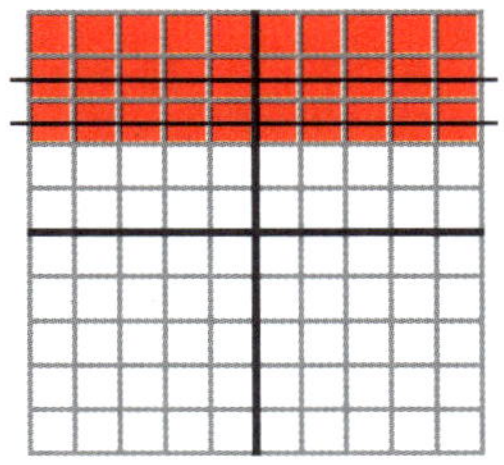 h) 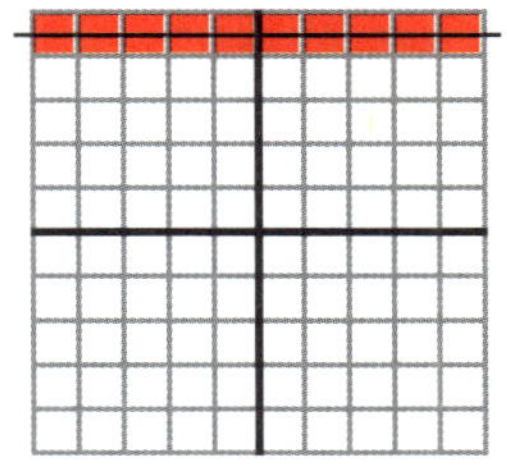

**6** Bilde die Aufgabe und rechne.

a)  b)  c) 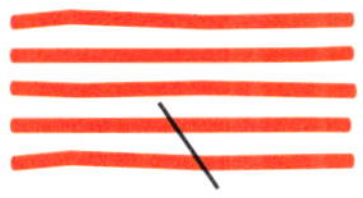 d) 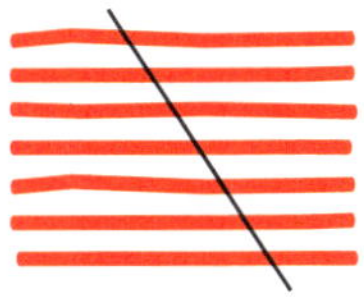 e) 

**7** Setze fort und rechne.

| a) | b) | c) | d) |
|---|---|---|---|
| 90 – 10 = ☐ | 70 – 60 = ☐ | 60 – 50 = ☐ | 40 – 10 = ☐ |
| 80 – 10 = ☐ | 70 – 50 = ☐ | 70 – 40 = ☐ | 50 – 20 = ☐ |
| 70 – 10 = ☐ | 70 – ☐ = ☐ | 80 – ☐ = ☐ | 60 – ☐ = ☐ |
| ☐ – ☐ = ☐ | ☐ – ☐ = ☐ | ☐ – ☐ = ☐ | ☐ – ☐ = ☐ |
| ☐ – ☐ = ☐ | ☐ – ☐ = ☐ | ☐ – ☐ = ☐ | ☐ – ☐ = ☐ |

**8** Wie viel Geld bleibt übrig?

a) 

b) 

c) 

d) 

# 7 Die Hundertertafel

| | | | | | | | | | |
|---|---|---|---|---|---|---|---|---|---|
| 1 | 2 | 3 | 4 | 5 | 6 | 7 | 8 | 9 | 10 |
| 11 | 12 | 13 | a | 15 | 16 | 17 | 18 | 19 | 20 |
| 21 | b | 23 | 24 | 25 | 26 | 27 | 28 | 29 | 30 |
| 31 | 32 | 33 | 34 | 35 | 36 | 37 | 38 | 39 | 40 |
| 41 | 42 | c | 44 | 45 | 46 | d | 48 | 49 | 50 |
| 51 | 52 | 53 | 54 | 55 | 56 | 57 | 58 | 59 | 60 |
| 61 | 62 | 63 | 64 | 65 | 66 | 67 | 68 | 69 | 70 |
| 71 | 72 | e | 74 | 75 | 76 | 77 | 78 | 79 | 80 |
| 81 | f | 83 | 84 | 85 | 86 | 87 | 88 | g | 90 |
| 91 | 92 | 93 | 94 | 95 | 96 | 97 | 98 | 99 | 100 |

**1** Wie heißen die Zahlen hinter den Sternen?

a   1 a) 1 4   b   c   d   e   f   g

**2** Welche Zahl ist gemeint?

a)

b)

c)

d)

e)

f)

**3** Folge den Pfeilen. Bei welcher Zahl landest du?

a) 19 ↓ ↓ → ↓ ↓ ←

b) 75 ↑ ↑ ← ↑ → → ↓

c) 52 ← ↓ ↓ → → → ↑

d) 99 ← ← ↑ ↑ → ↓

e) 40 ← ↑ ↑ ← ↑ ←

**4** Welche Zahlen sind gemeint?

a) b) c) d)

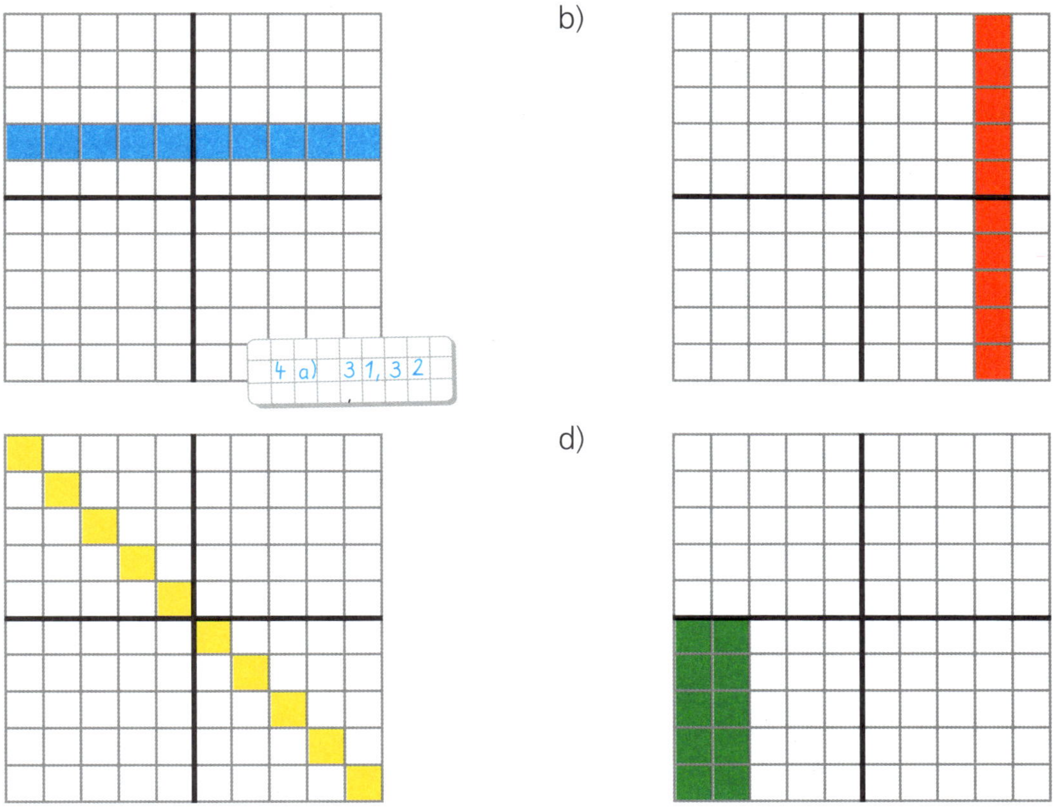


**5** Ergänze die fehlenden Zahlen. Schreibe in dein Heft.

a)

| | | |
|---|---|---|
| | 33 | |
| | | |
| | | |

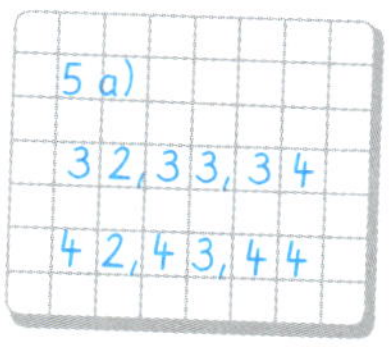


b)

| | | |
|---|---|---|
| 44 | | |
| | 55 | |
| | | 66 |

c)

| | | |
|---|---|---|
| 77 | | |
| | | 89 |
| | | |

d)

| | | |
|---|---|---|
| 67 | | |
| | | |
| | 88 | |

e)

| | | |
|---|---|---|
| | | |
| | | |
| 94 | | 96 |

f)

| | | |
|---|---|---|
| | | |
| | 14 | |
| | | |

g)

| | | |
|---|---|---|
| | | |
| 72 | | |
| | | |

Welche Zahl ist gemeint?

a) b) c) d)

# 8 Der Zahlenstrahl

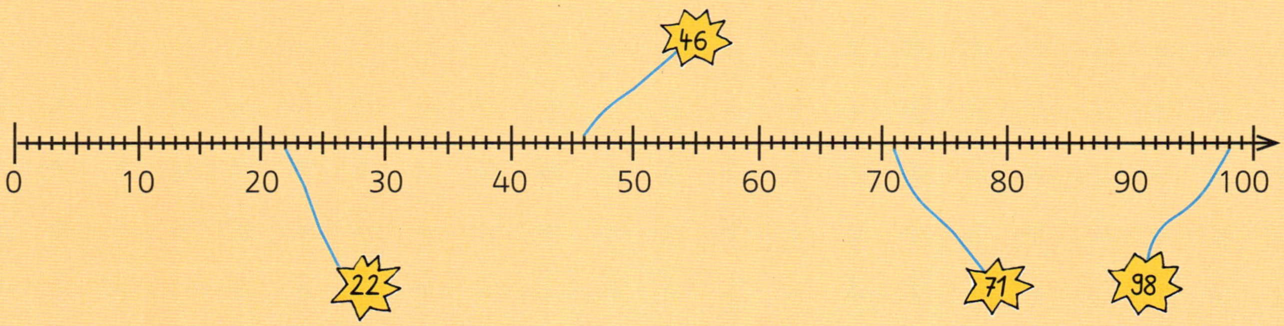


**1** Welche Zahlen sind gemeint?

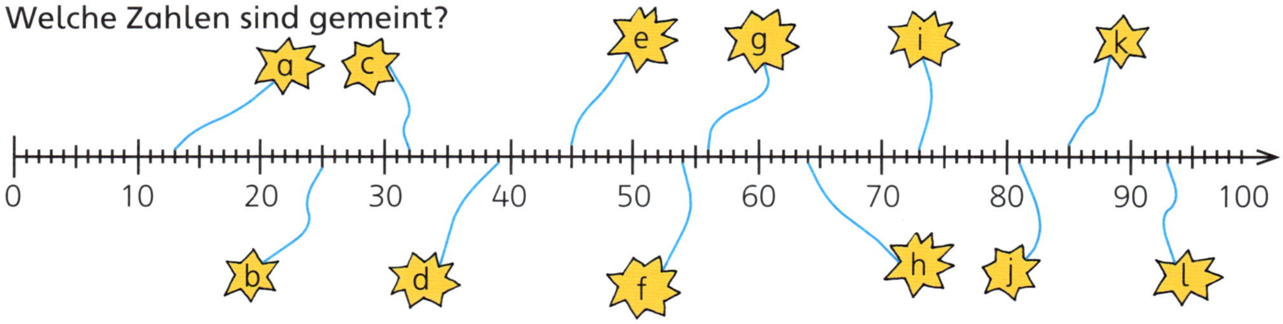


**2** Schreibe die Zahl und die Nachbarzahlen auf.

a)
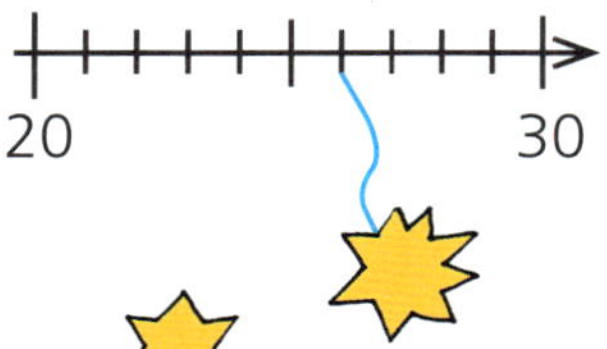

b)
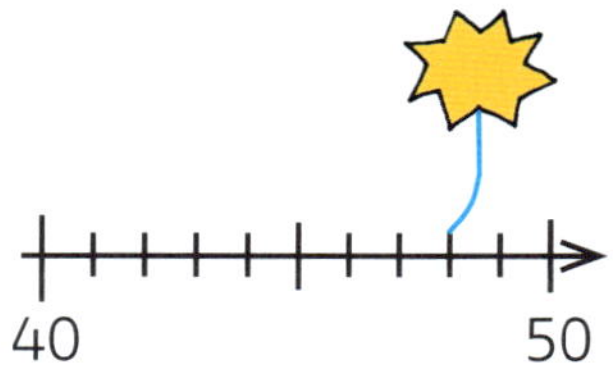


c)
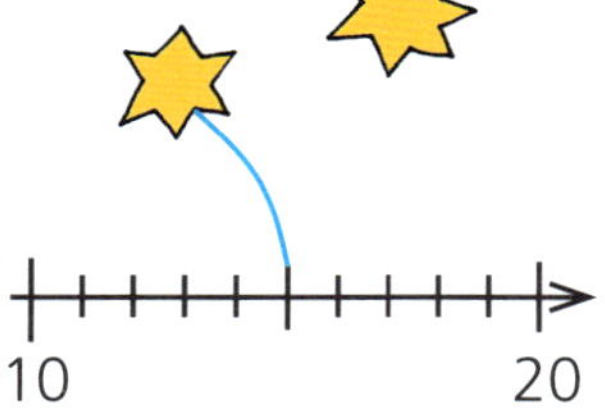


d)
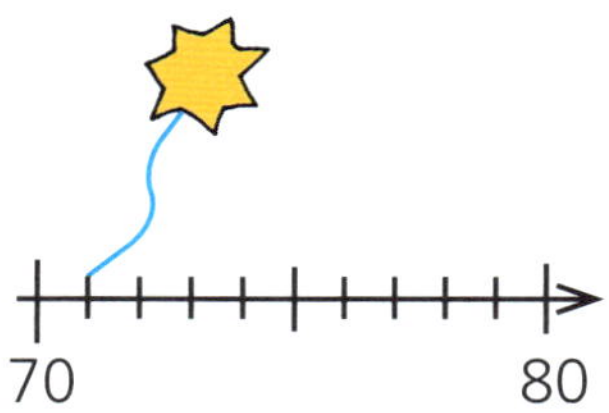


e)
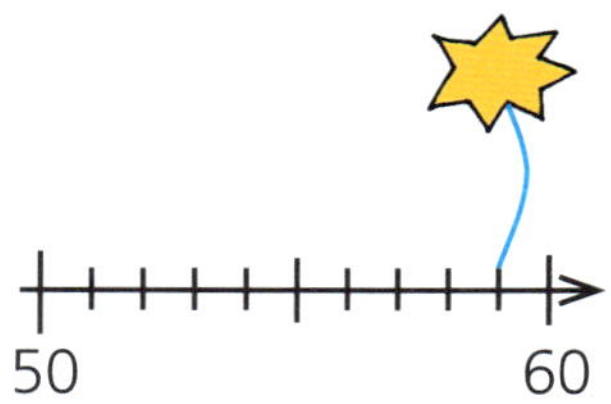


f)
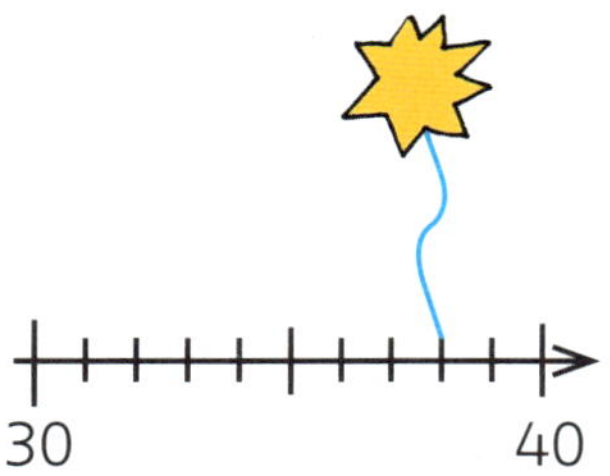


g)
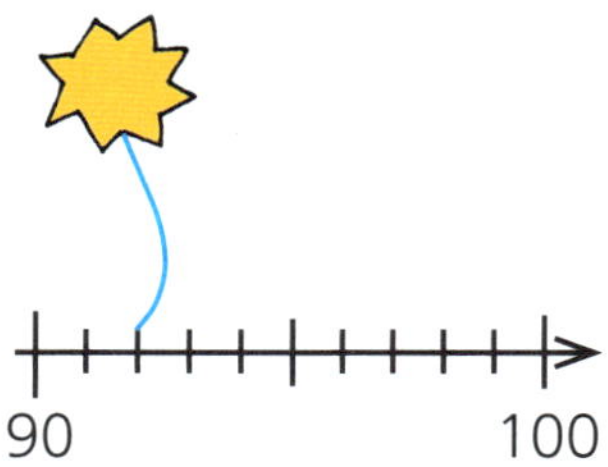


h)
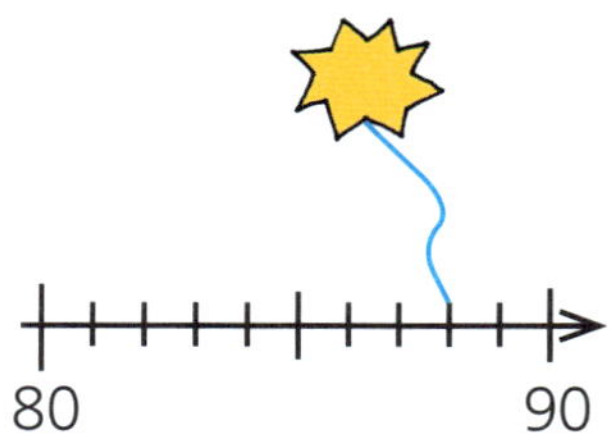


i)
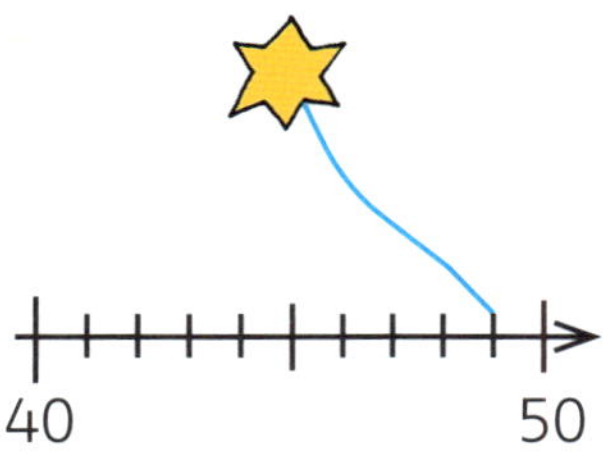


j)
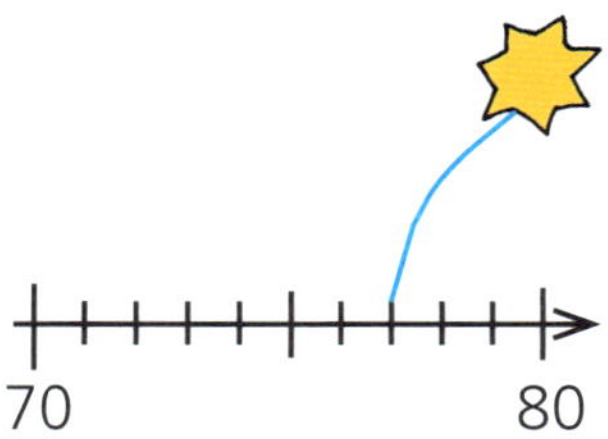


k)
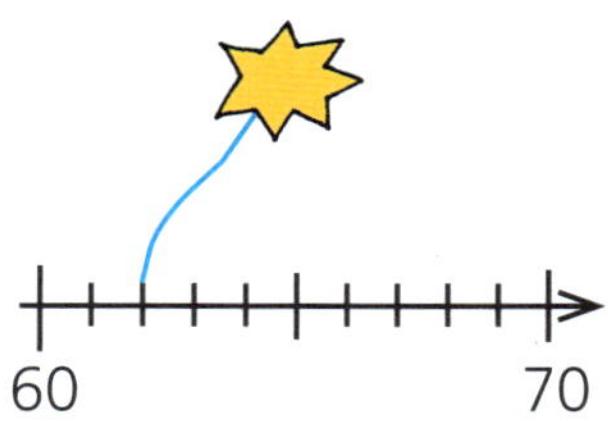

**3** Zeige die Zahlen am Zahlenstrahl und ordne sie der Größe nach.

a) 50 4 23 77 31

3 a) 4, 23, 31, 50, 77

b) 12 2 48 99 82

c) 38 14 25 6 58

d) 100 11 63 41 37

e) 74 20 61 34 55

f) 44 17 24 93 60

g) 85 29 55 13 76

**4** Welche Zahl ist gemeint?

**5** Zähle und schreibe in dein Heft.

a) 40, 41, ... 50
b) 60, 61, ... 70
c) 33, 34, ... 43
d) 50, 49, ... 40
e) 23, 22, ... 13
f) 71, 70, ... 61

**6** Vergleiche die Zahlen.

6 a) 70 < 72

| a) | | b) | | c) | | d) | |
|---|---|---|---|---|---|---|---|
| 70 | 72 | 23 | 32 | 26 | 69 | 62 | 33 |
| 20 | 23 | 55 | 34 | 84 | 92 | 49 | 50 |
| 30 | 35 | 73 | 58 | 71 | 41 | 100 | 99 |
| 36 | 40 | 41 | 37 | 80 | 19 | 25 | 52 |

Setze die Zahlenfolgen fort. Wie lautet die Regel?

a) 20, 22, 24, ... 30
b) 10, 20, ... 100
c) 40, 44, 48 ... 80
d) 70, 65, 60, ... 35
e) 30, 27, ... 3
f) 80, 60, ... 0

# 9 Spiegelsymmetrie

1 Welche Figuren sind symmetrisch? Untersuche.

a) 

b) 

c) 

d) 

e) 

f) 

g) 

h) 

i) 

j) 

k) 

l) 

Spiegele an dem großen Hasen. Welche Bilder kannst du spiegeln?

a) 

b) 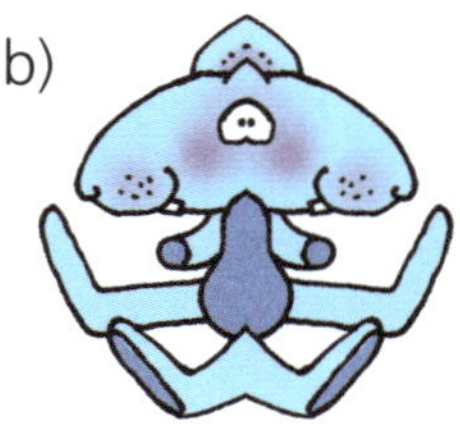

c) 

d) 

e) 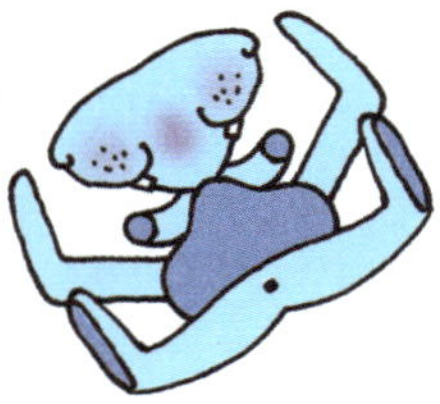

**2** Zeichne das Muster in dein Heft und spiegele.

a)
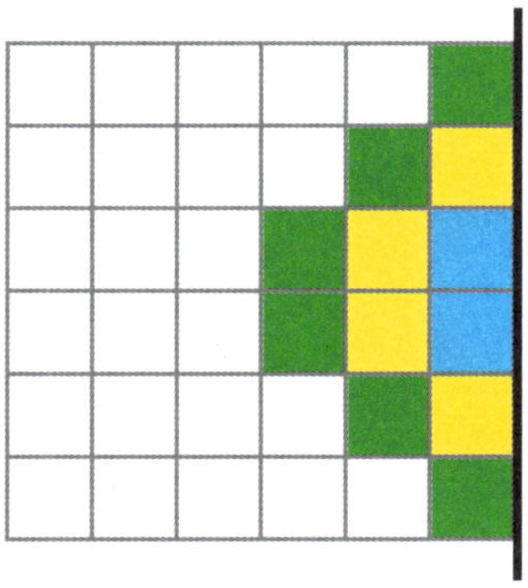
b)
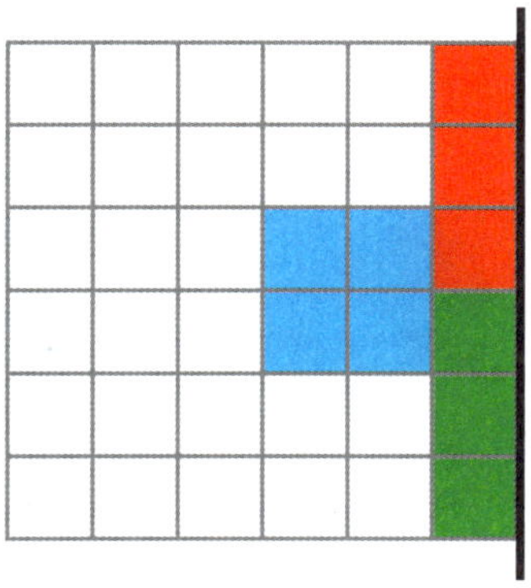
c)
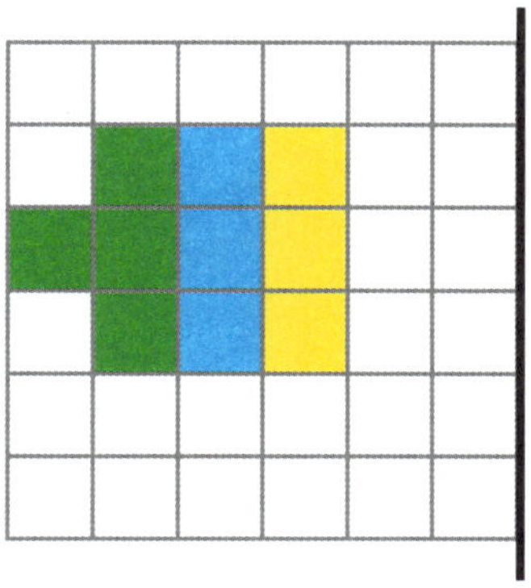

d)
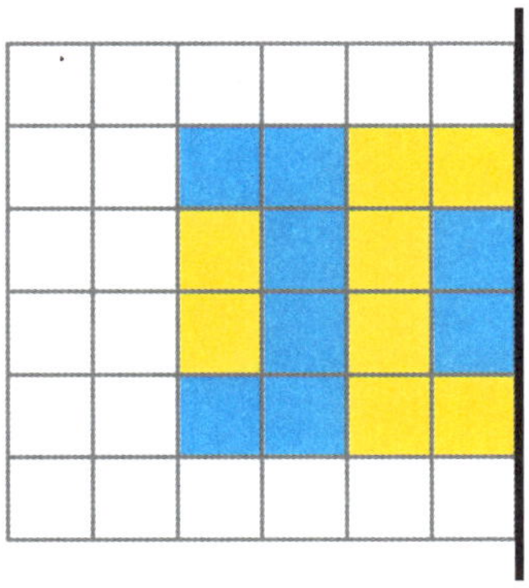
e)

f)
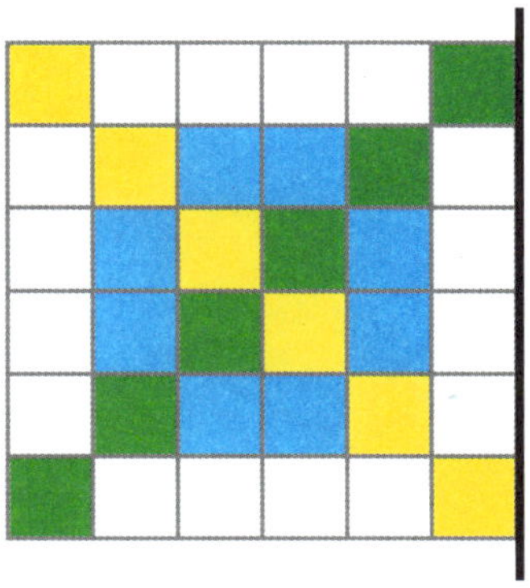

Erfinde eigene Muster und lass ein anderes Kind spiegeln.

Wie viele Spiegelachsen findest du?

a)

b)

c)
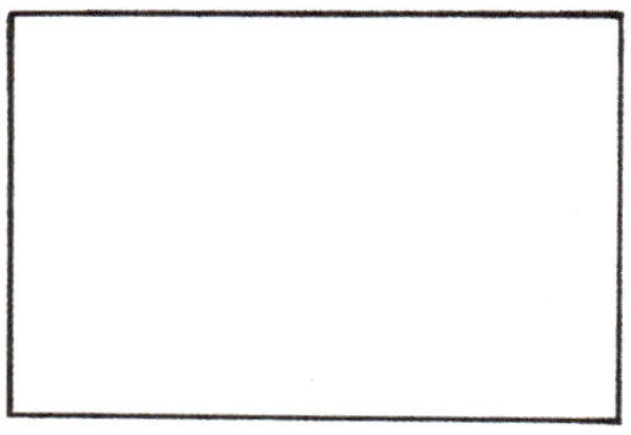

d)

e)
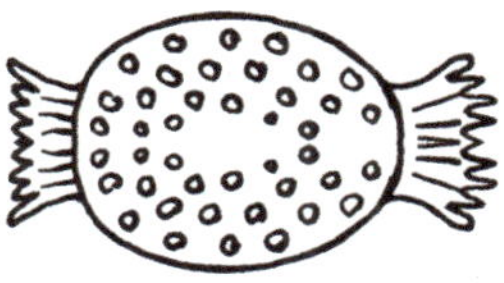
f)
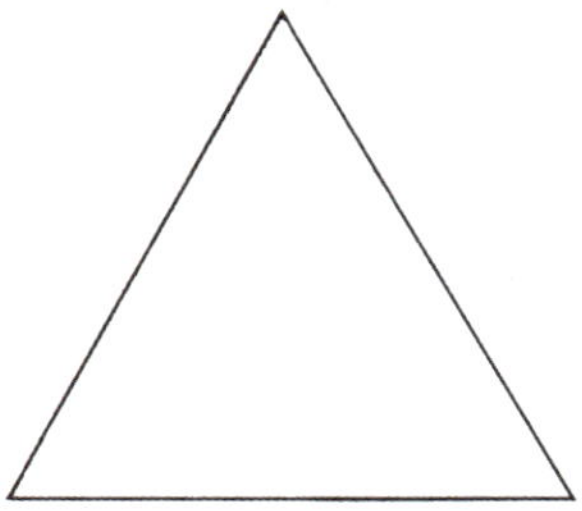

1 Welche Anleitung passt zu den fertigen Faltbildern? Falte nach.

a)

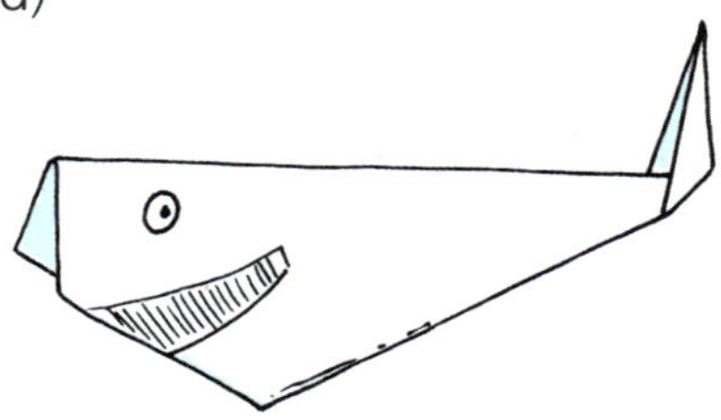

b)

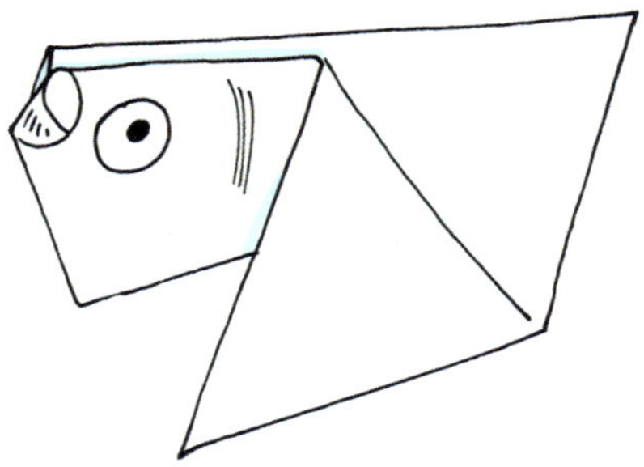

c)

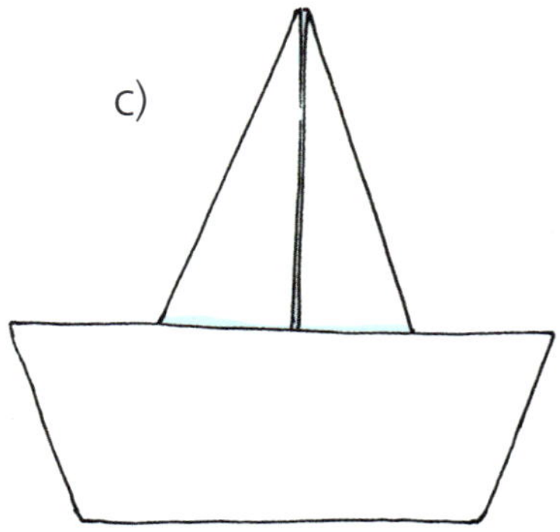

d)

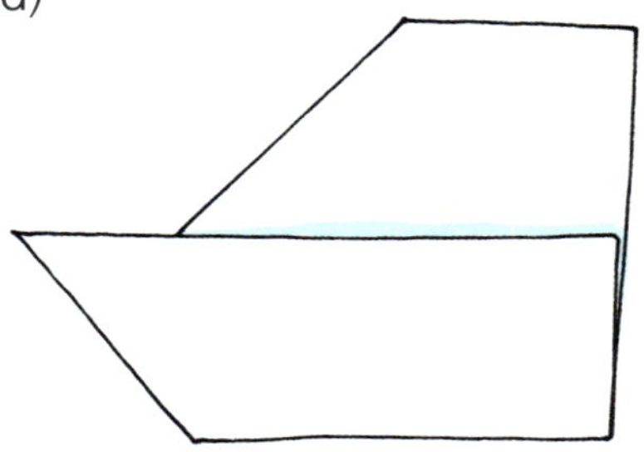

e)

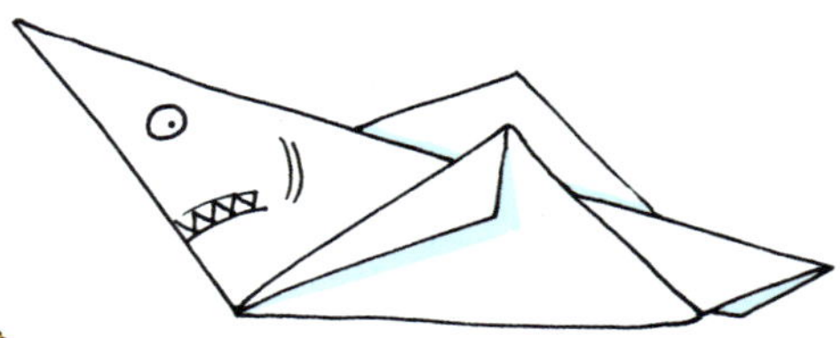

A)

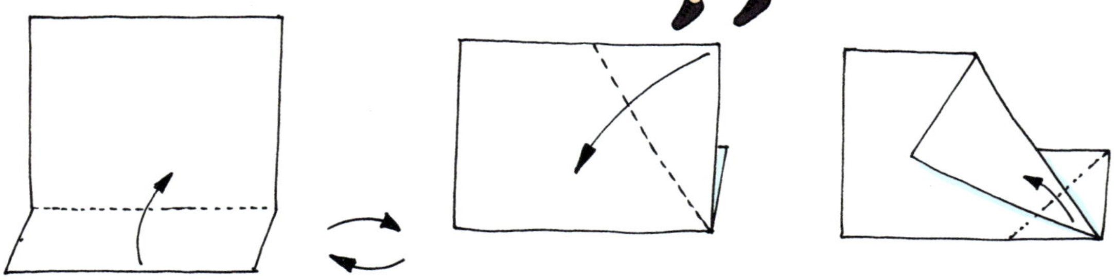

1. 2. 3.

 Faltobjekten passende Faltanleitungen zuordnen.

B)

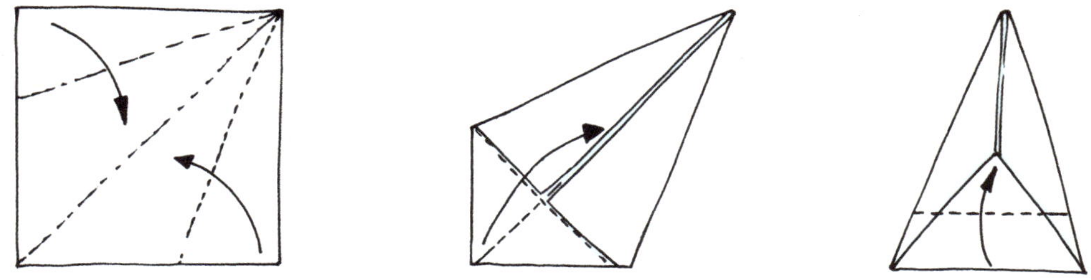

1. 2. 3.

C)

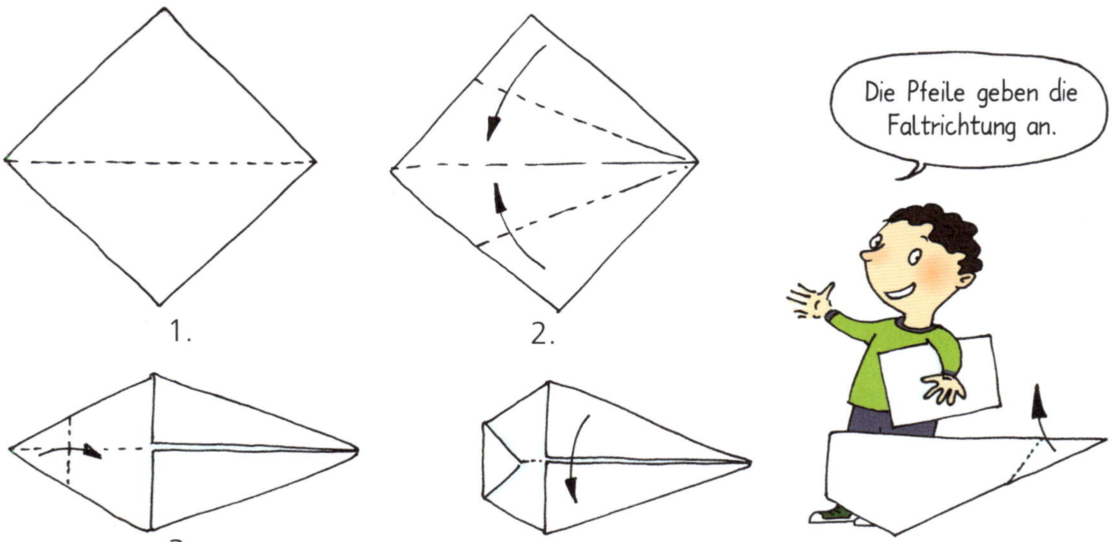


1. 2. 3. 4. 5.

D)

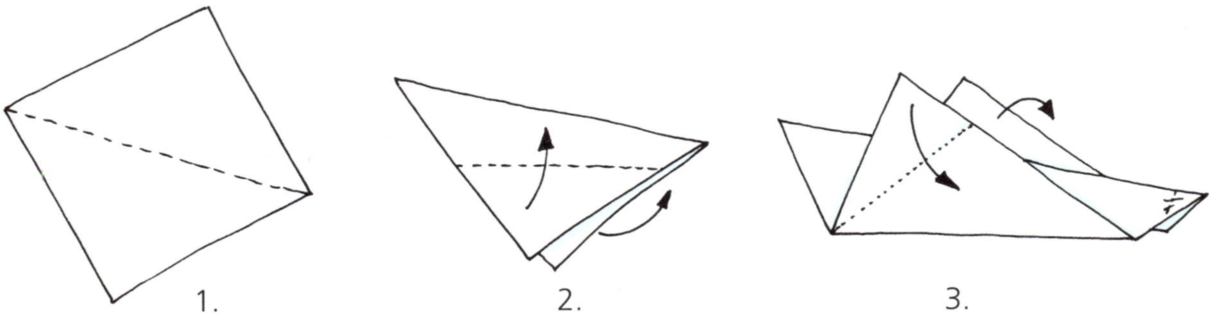

1. 2. 3.

E)

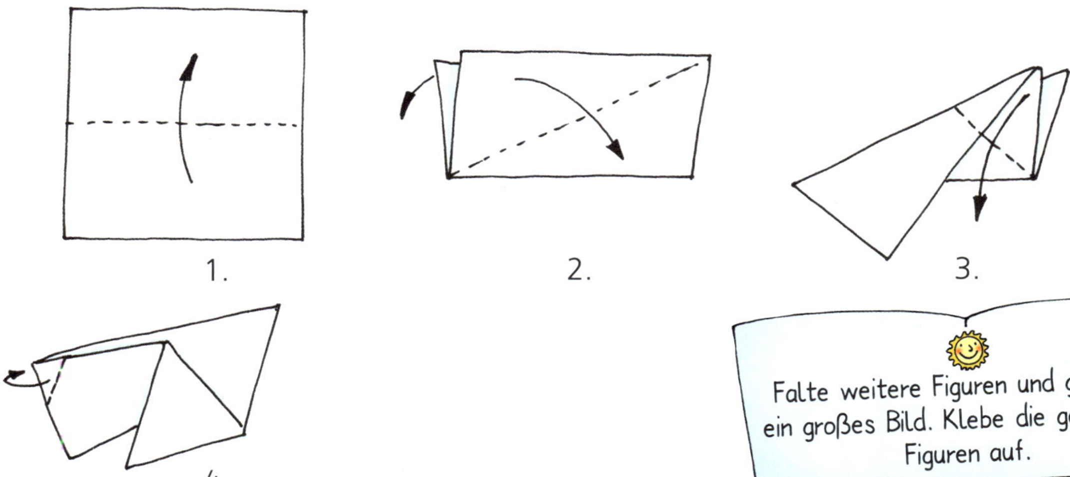

1. 2. 3. 4.

Falte weitere Figuren und gestalte ein großes Bild. Klebe die gefalteten Figuren auf.

**1** Leo geht zur Schule. Was befindet sich rechts, was links von Leo?

a) 

1 a) links

b) 

c) 

d) 

e) 

f) 

g) 

## 2 An welcher Stelle stand Leo, als er die Fotos machte?

a)

b)

c)

d)

e)

f)

## 3 Von vorne und von oben. Was passt zusammen?

a)

1)

b)

2)
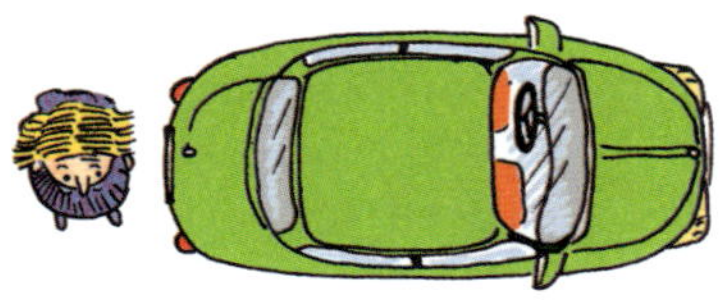

c)

3)

d)

4)

# Addieren und subtrahieren mit Einern

**1** Lege nach und rechne.

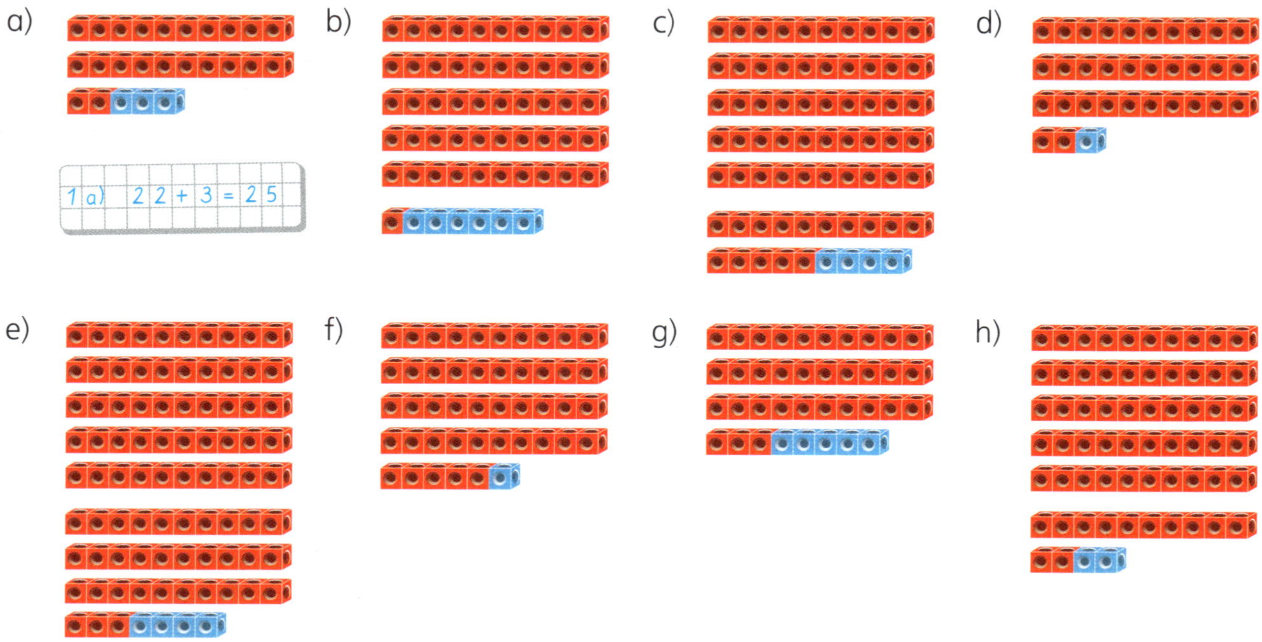


**2** Bilde Aufgaben und rechne.

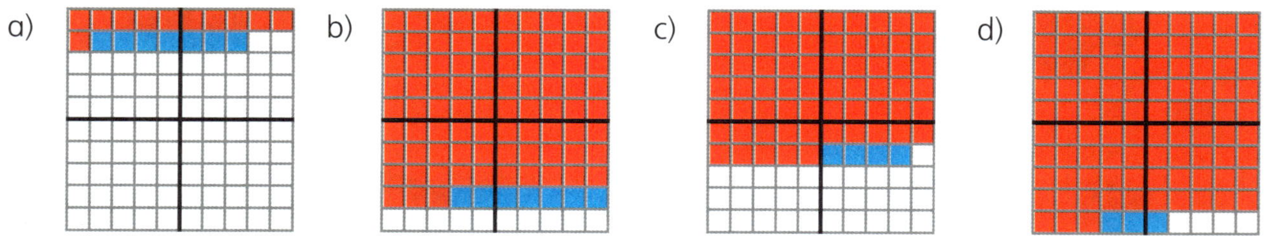


**3** Rechne.

| | | |
|---|---|---|
| a) 15 + 3 = | b) 32 + 7 = | c) 76 + 2 = |
| 35 + 3 = | 21 + 7 = | 36 + 2 = |
| 75 + 3 = | 92 + 7 = | 64 + 2 = |
| 54 + 3 = | 52 + 7 = | 16 + 2 = |
| 25 + 3 = | 82 + 7 = | 66 + 2 = |

**4** Lege nach und rechne.

a) 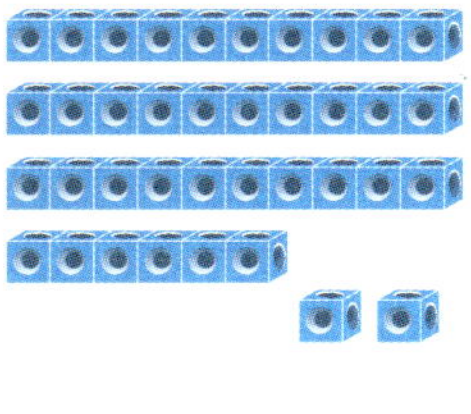
b) 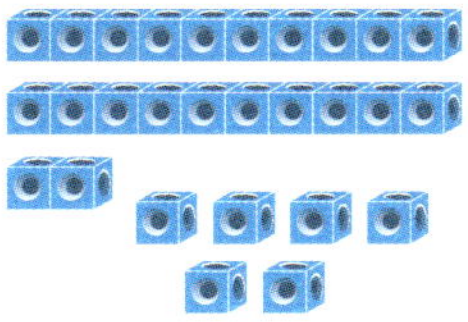
c) 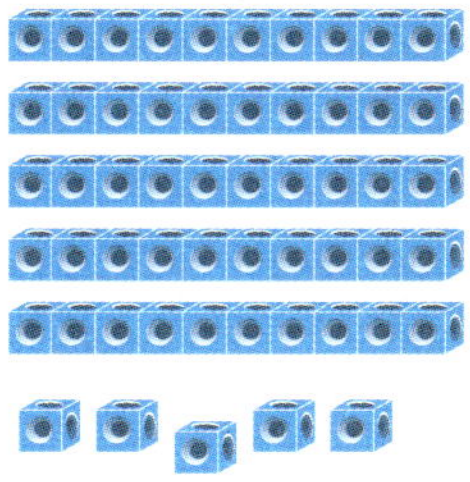
d) 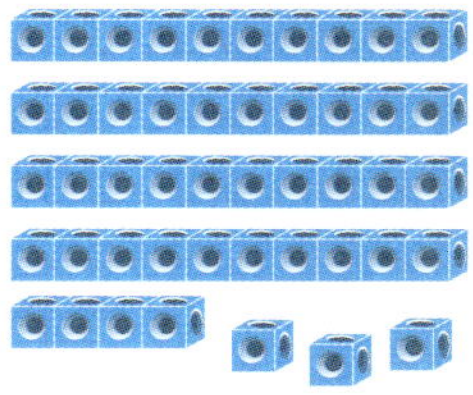

e) 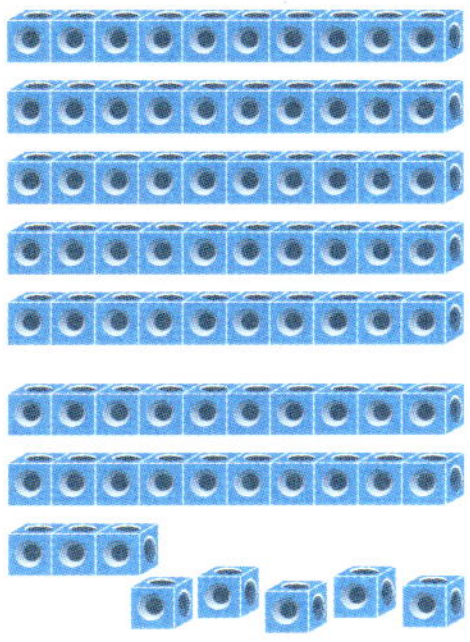
f) 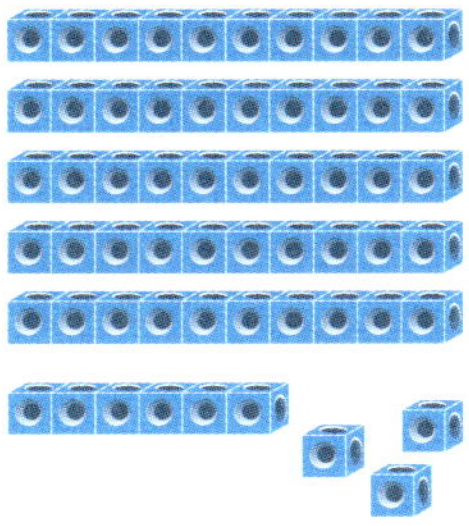
g) 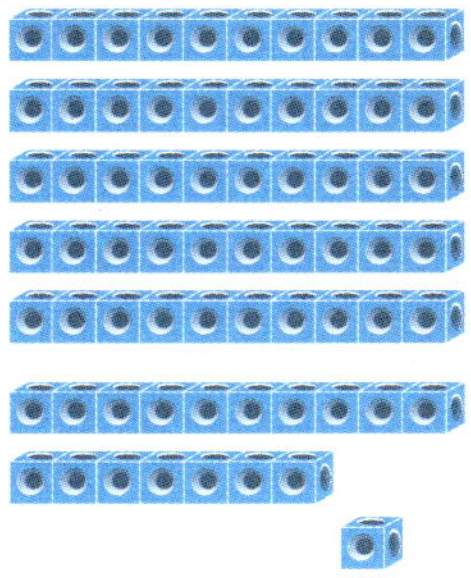
h) 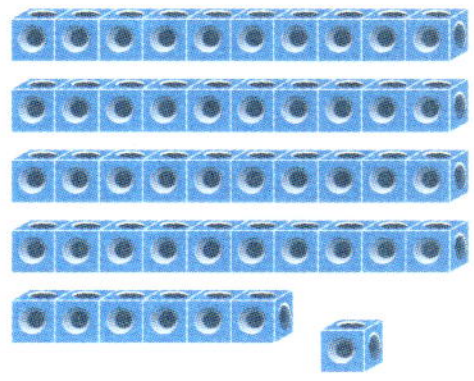

**5** Bilde Aufgaben und rechne.

a) 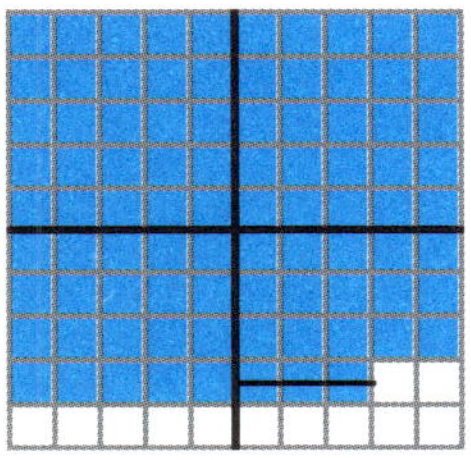
b) 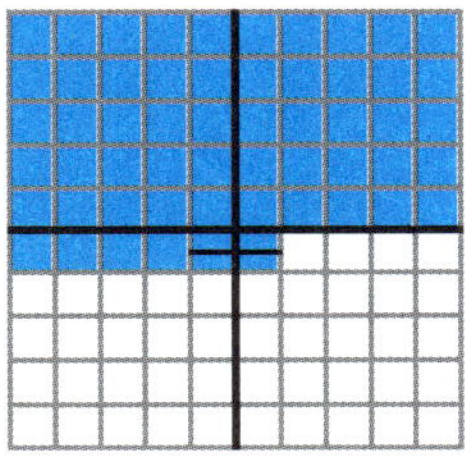
c) 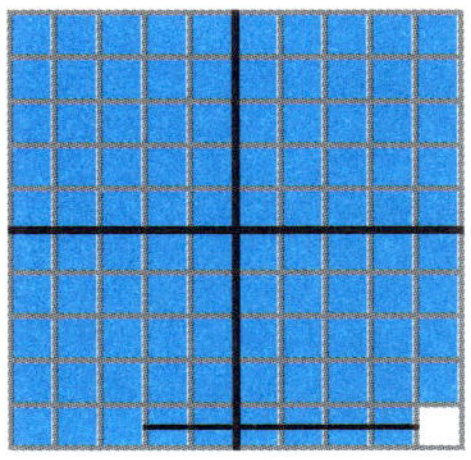
d) 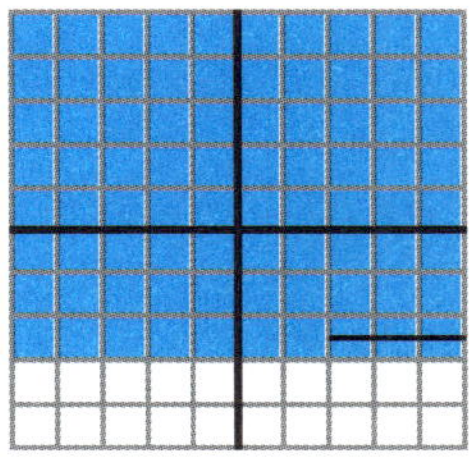

**6** Rechne.

| a) | b) | c) |
|---|---|---|
| 78 – 3 = | 19 – 6 = | 65 – 4 = |
| 18 – 3 = | 39 – 6 = | 35 – 4 = |
| 58 – 3 = | 99 – 6 = | 58 – 4 = |
| 28 – 3 = | 49 – 6 = | 15 – 4 = |
| 89 – 3 = | 96 – 6 = | 45 – 4 = |

**7** Schreibe passende Fragen und rechne.

a) 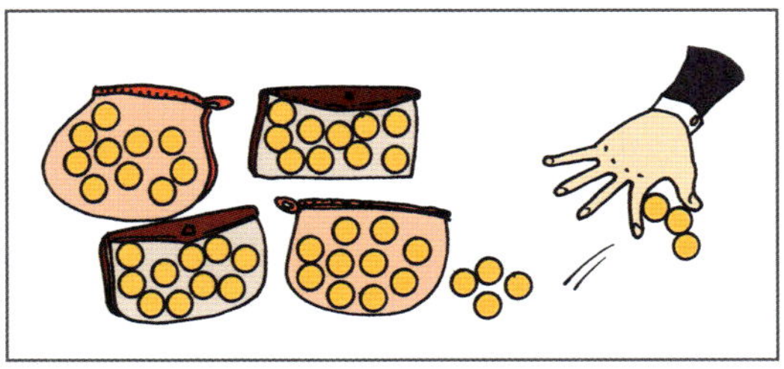

b) 

# 13 Rechnen mit Zehnerzahlen

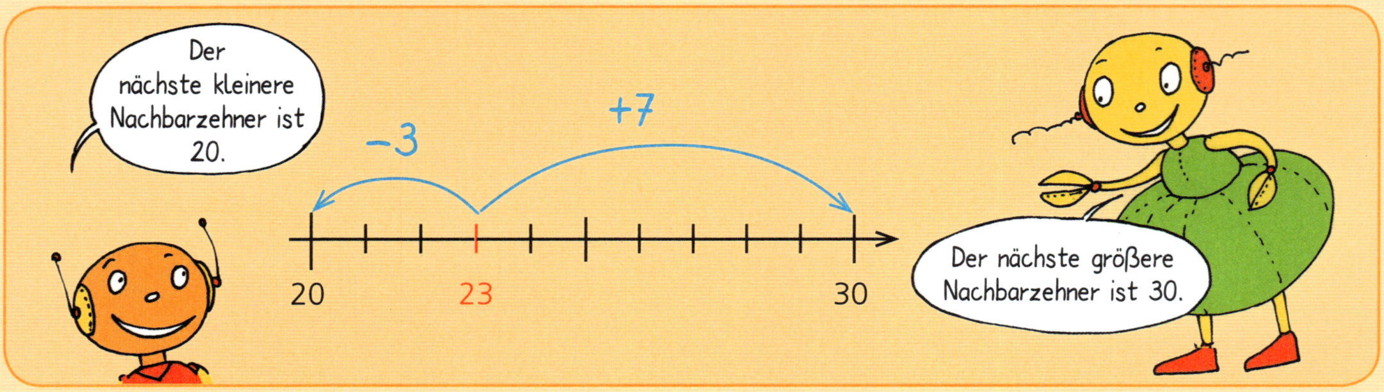


**1** Finde die Nachbarzehner.

a) 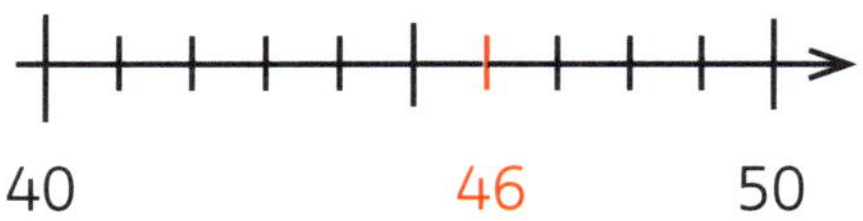


b) 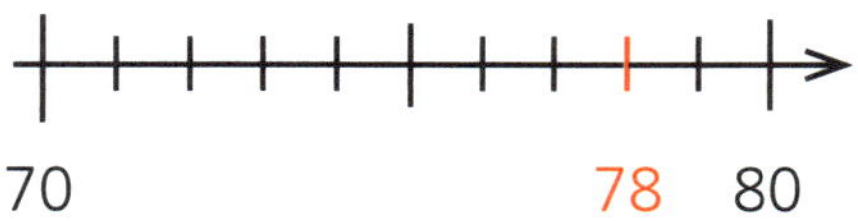

c) 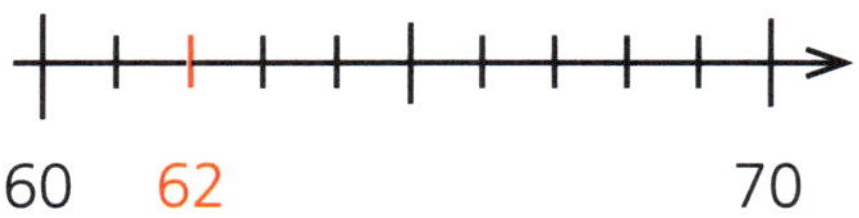


d) 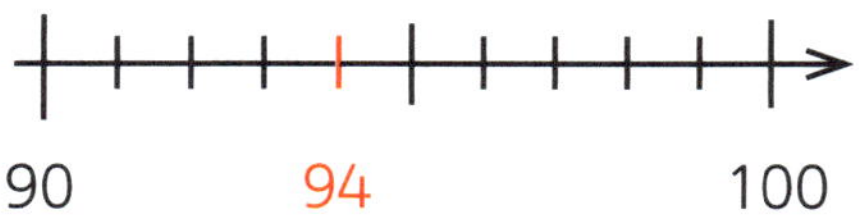


**2** Finde die Nachbarzehner.

| | | | |
|---|---|---|---|
| a) ☐ 72 ☐ | b) ☐ 16 ☐ | c) ☐ 32 ☐ | d) ☐ 41 ☐ |
| ☐ 46 ☐ | ☐ 28 ☐ | ☐ 57 ☐ | ☐ 66 ☐ |
| ☐ 98 ☐ | ☐ 75 ☐ | ☐ 11 ☐ | ☐ 99 ☐ |

**3** Rechne vorwärts bis zum nächsten Nachbarzehner.

| | | | |
|---|---|---|---|
| a) 81 + ☐ = 90 | b) 8 + ☐ = 10 | c) 52 + ☐ = 60 | d) 35 + ☐ = 40 |
| 33 + ☐ = 40 | 26 + ☐ = 30 | 77 + ☐ = 80 | 42 + ☐ = 50 |
| 47 + ☐ = 50 | 88 + ☐ = 90 | 15 + ☐ = 20 | 98 + ☐ = 100 |
| 64 + ☐ = 70 | 71 + ☐ = 80 | 21 + ☐ = 30 | 52 + ☐ = 60 |

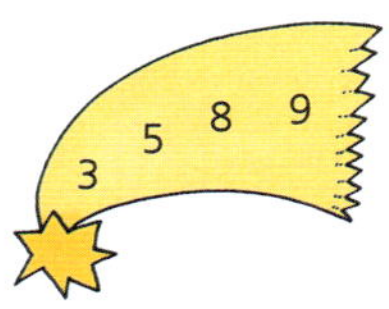

**4** Rechne rückwärts bis zum nächsten Nachbarzehner.

| | | | |
|---|---|---|---|
| a) 73 – ☐ = 70 | b) 31 – ☐ = 30 | c) 13 – ☐ = 10 | d) 60 – ☐ = 60 |
| 24 – ☐ = 20 | 18 – ☐ = 10 | 57 – ☐ = 50 | 29 – ☐ = 20 |
| 65 – ☐ = 60 | 95 – ☐ = 90 | 85 – ☐ = 80 | 78 – ☐ = 70 |

**5** Bilde Plusaufgaben und rechne.

a) 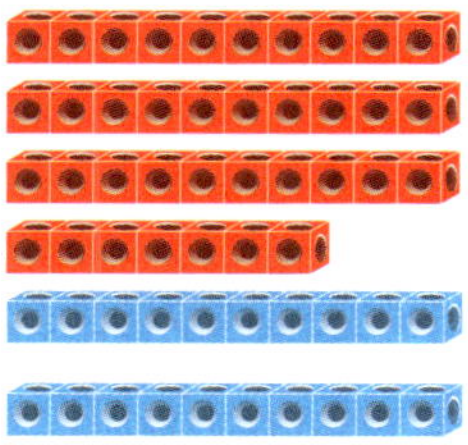

b) 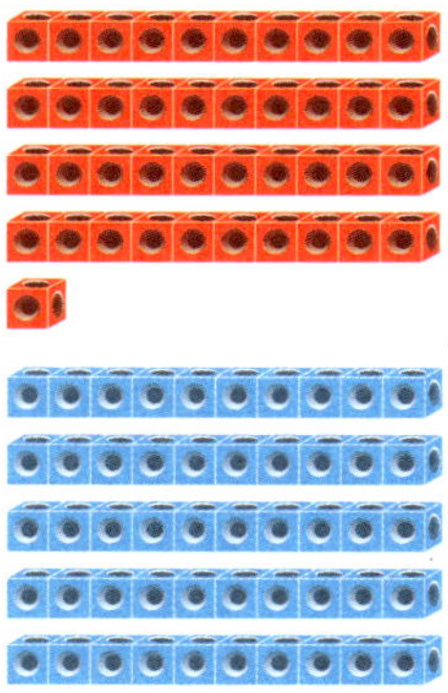

c) 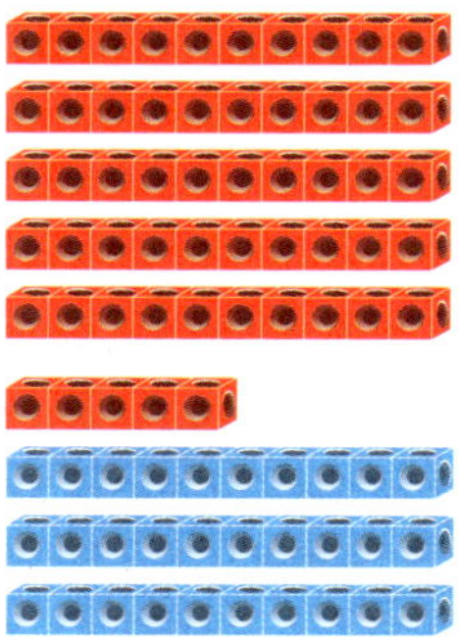

d) 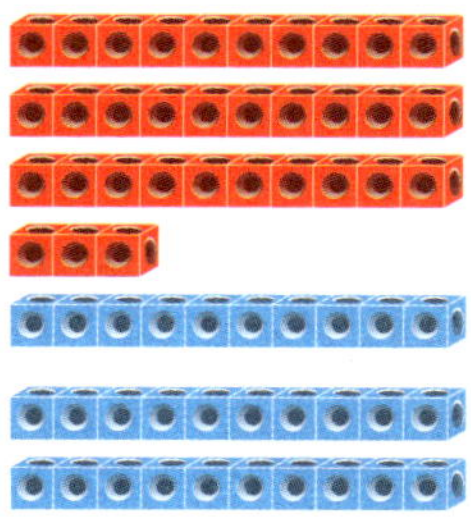

**6** Bilde Minusaufgaben und rechne.

a) 

b) 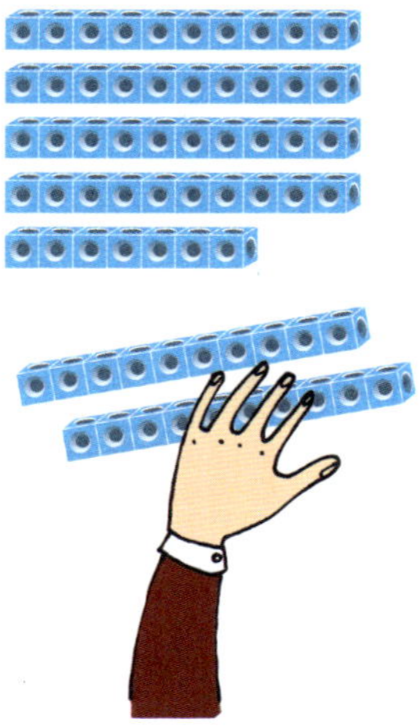

c) 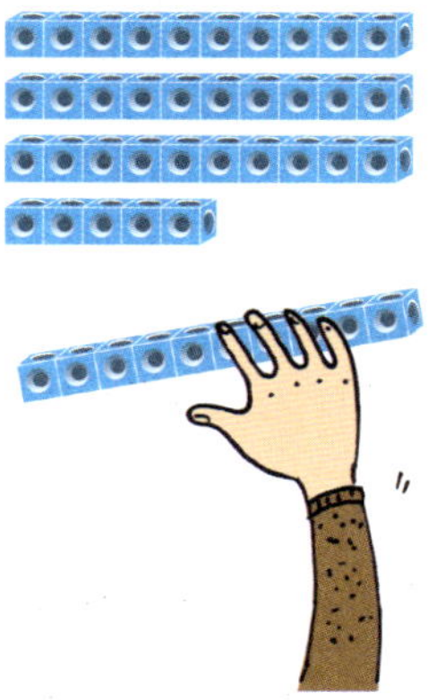

d) 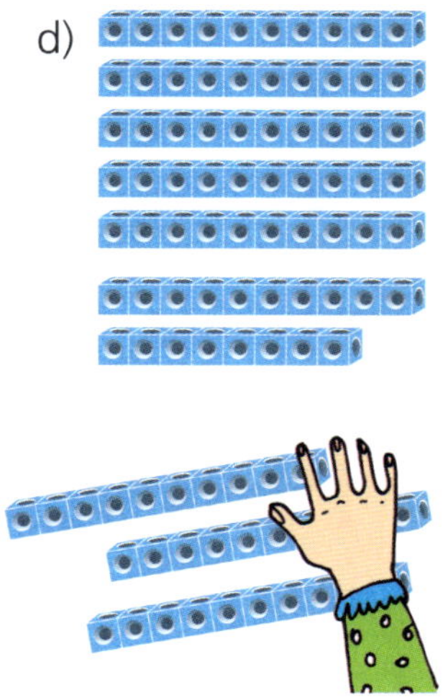

**7** Rechne.

a) 68 + 30 =  
72 + 20 =  
41 + 40 =  
37 + 60 =

b) 25 + 40 =  
17 + 80 =  
53 + 20 =  
86 + 10 =

c) 38 − 20 =  
91 − 60 =  
57 − 30 =  
66 − 60 =

d) 64 − 40 =  
95 − 20 =  
83 − 70 =  
42 − 30 =

# 14 Einen Zehner überschreiten

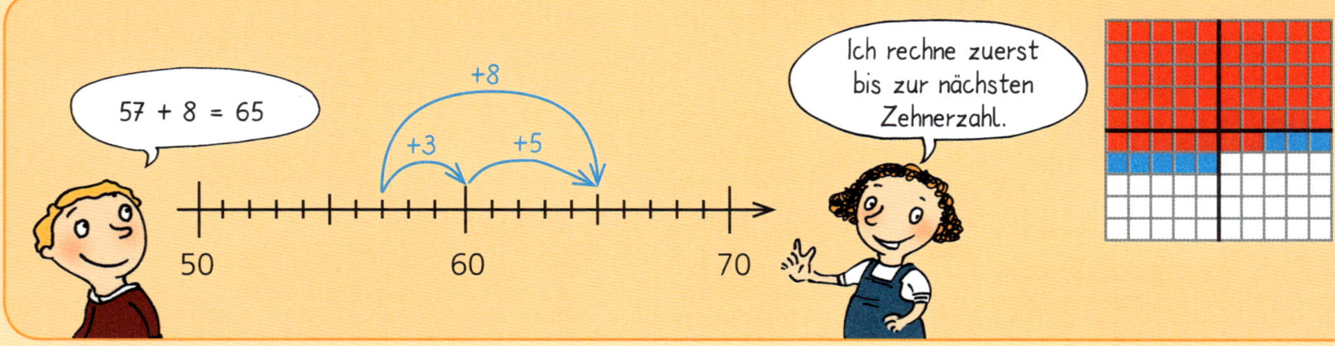


**1** Löse am Zahlenstrahl wie Mia.

a) 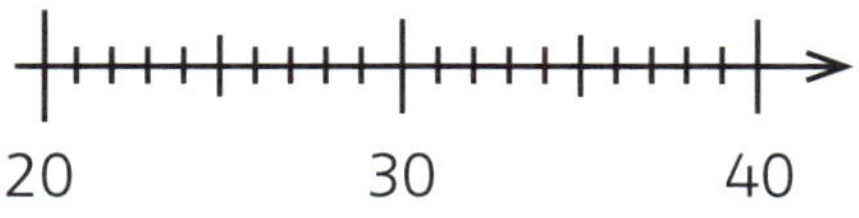


26 + 7 =

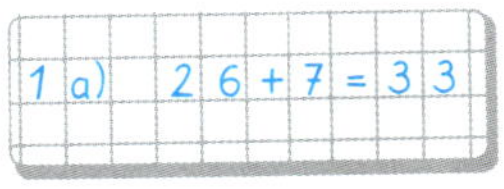


b) 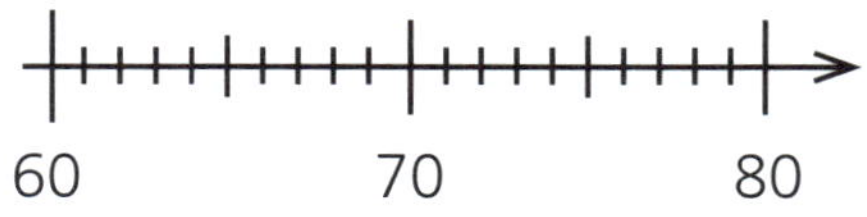


65 + 9 =

c) 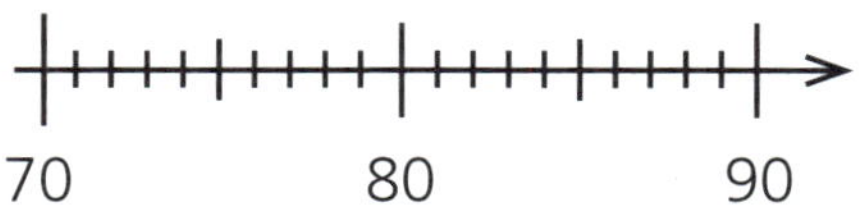


78 + 8 =

d) 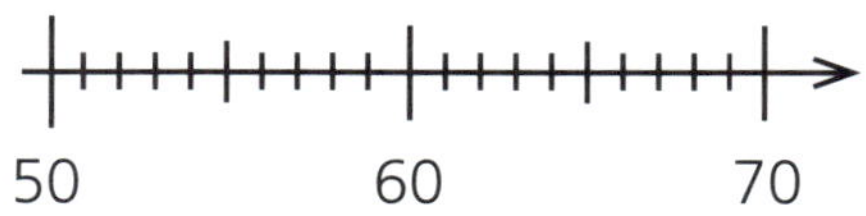


54 + 7 =

e) 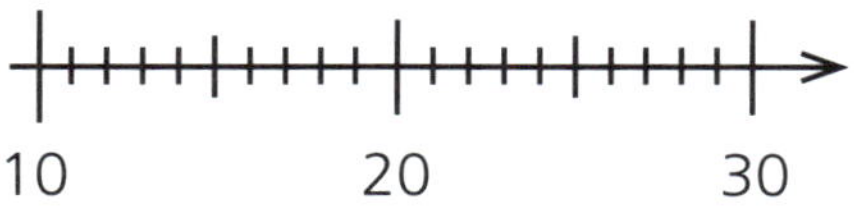


16 + 5 =

f) 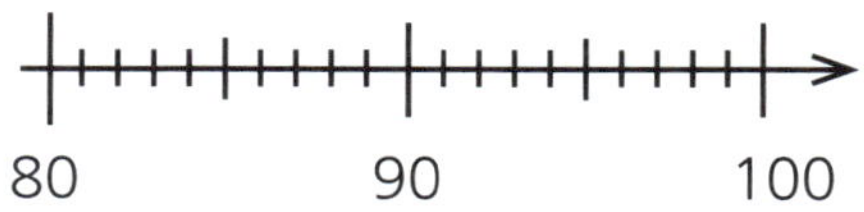


89 + 4 =

**2** Bilde die Aufgaben und löse sie.

a) 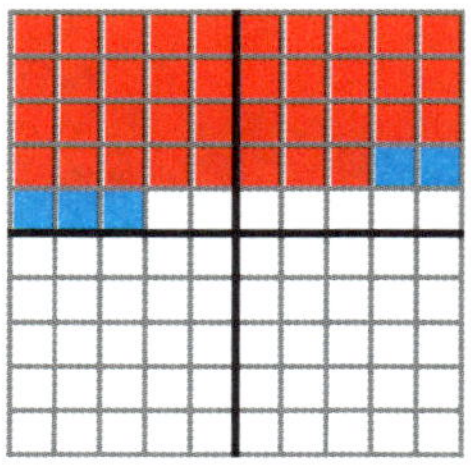

b) 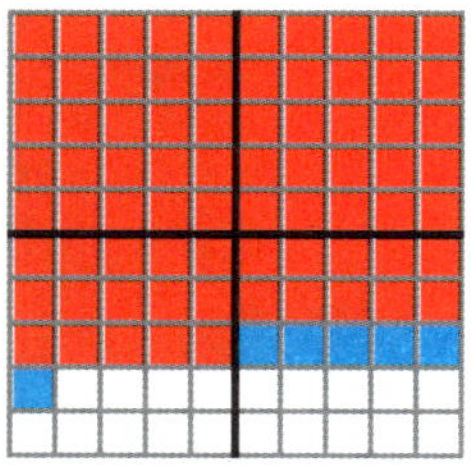

c) 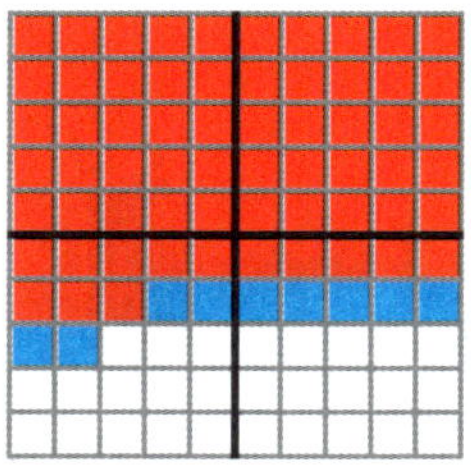

d) 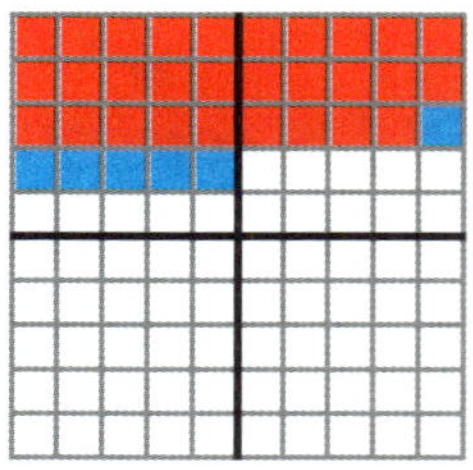

e) 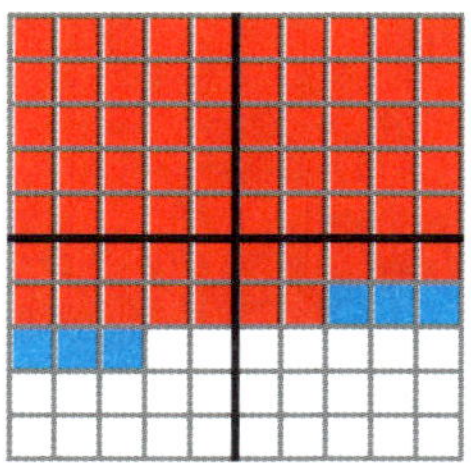

f) 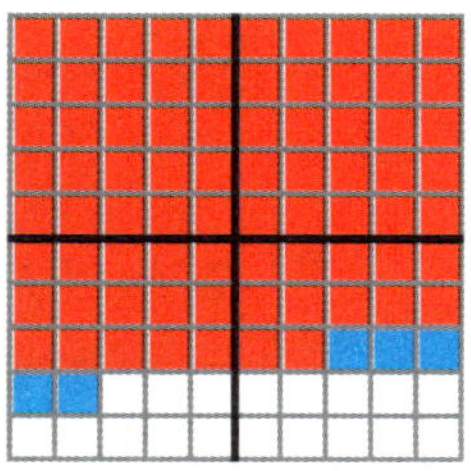

g) 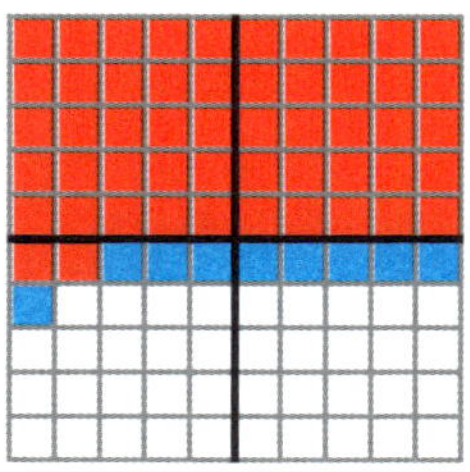

h) 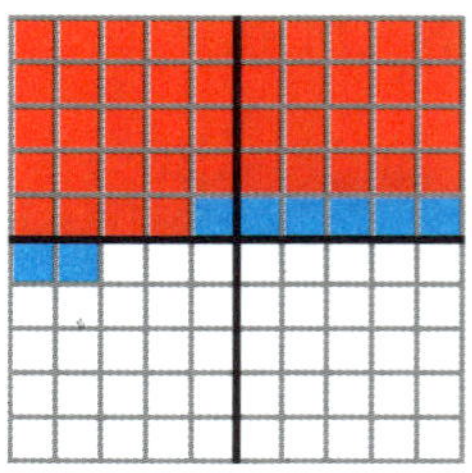

 Zehnerüberschreitende Additionsaufgaben mit unterschiedlichen Anschauungsmitteln lösen.

**3** Rechne. Finde die Regel.

| a) | b) | c) |
|---|---|---|
| 54 + 7 = | 78 + 6 = | 36 + 10 = |
| 64 + 7 = | 68 + 5 = | 46 + 9 = |
| 74 + 7 = | 58 + 4 = | 56 + 8 = |
| 84 + 7 = | 48 + 3 = | 66 + 7 = |

**4** Finde in jedem Päckchen einen Fehler.

| a) | b) | c) | d) |
|---|---|---|---|
| 77 + 5 = 82 | 89 + 4 = 93 | 36 + 7 = 43 | 27 + 7 = 34 |
| 64 + 9 = 73 | 25 + 6 = 32 | 25 + 6 = 31 | 84 + 9 = 95 |
| 39 + 8 = 58 | 48 + 7 = 55 | 57 + 5 = 63 | 66 + 8 = 74 |
| 32 + 9 = 41 | 34 + 8 = 42 | 78 + 4 = 82 | 43 + 8 = 51 |
| 87 + 7 = 94 | 65 + 6 = 71 | 17 + 6 = 23 | 56 + 8 = 64 |

**5** Rechne.

a)

b)

c)

d)

**6** Rechne.

a)

Die 26 Kinder der Klasse 2b fahren in den Zoo. Außerdem kommen noch 5 Erwachsene mit.

b)

Tina hat 57 Murmeln. Zum Geburtstag bekommt sie 8 Murmeln geschenkt.

# 15 Einen Zehner unterschreiten

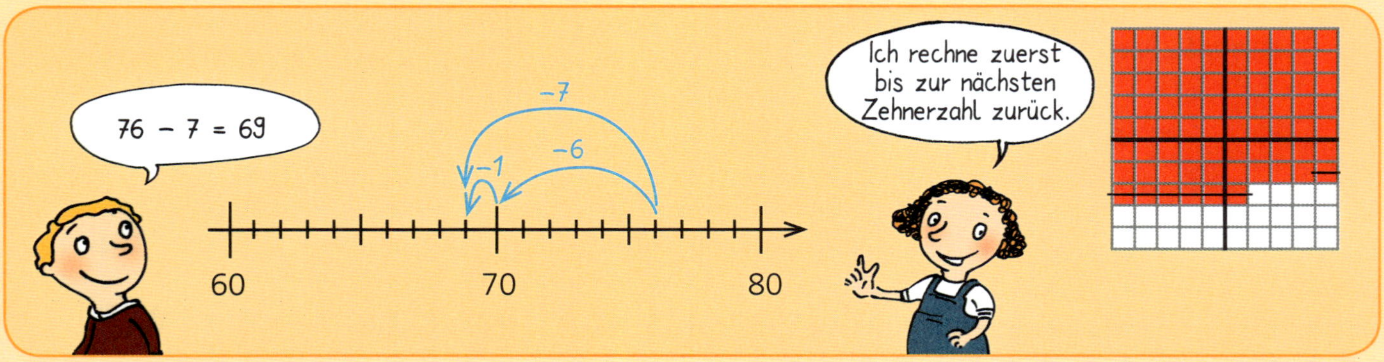


**1** Bilde die Aufgaben und löse sie wie Mia.

a) 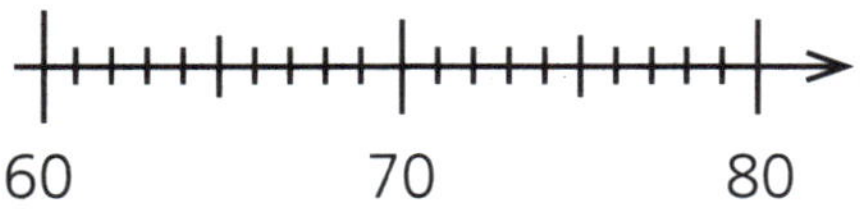


75 – 7 = ☐

b) 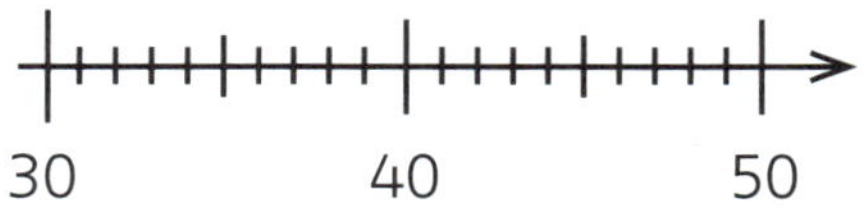


41 – 9 = ☐

c) 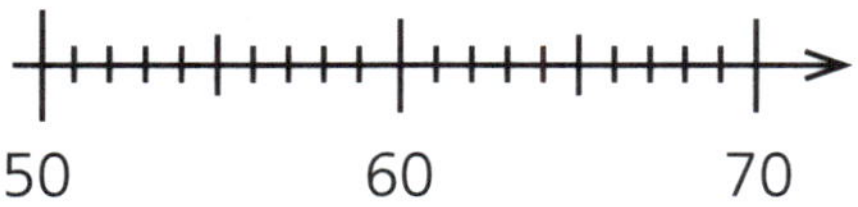


67 – 8 = ☐

d) 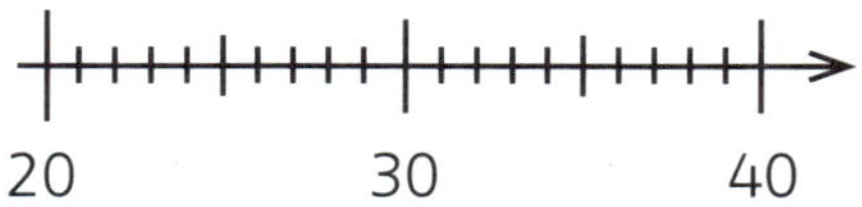


33 – 4 = ☐

e) 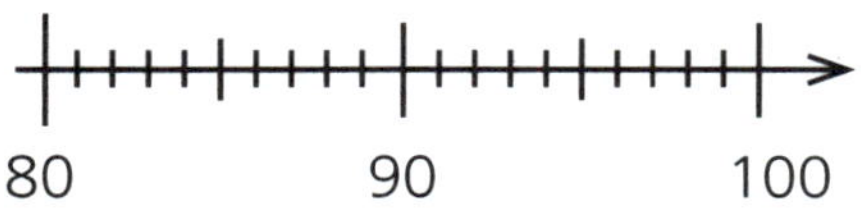


95 – 6 = ☐

f) 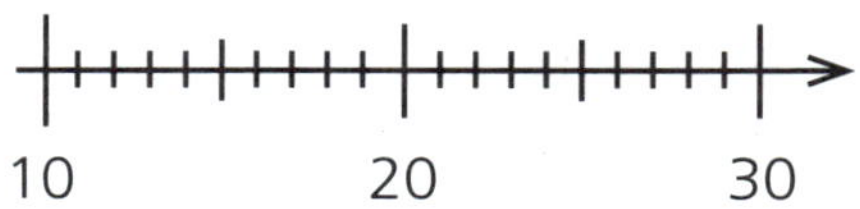


22 – 5 = ☐

**2** Bilde die Aufgaben und löse sie.

a) 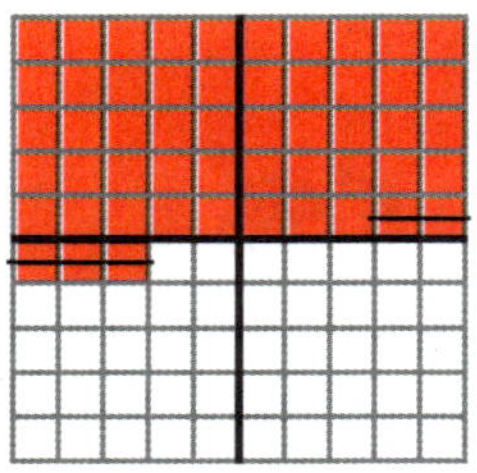

b) 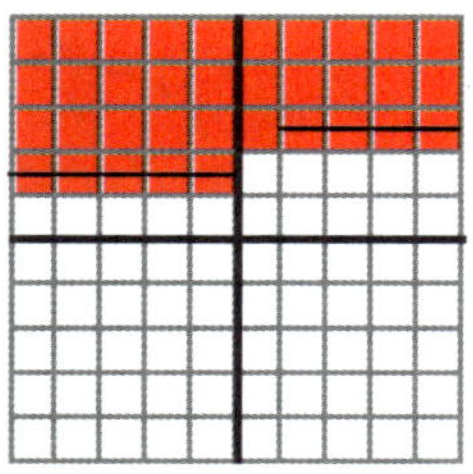

c) 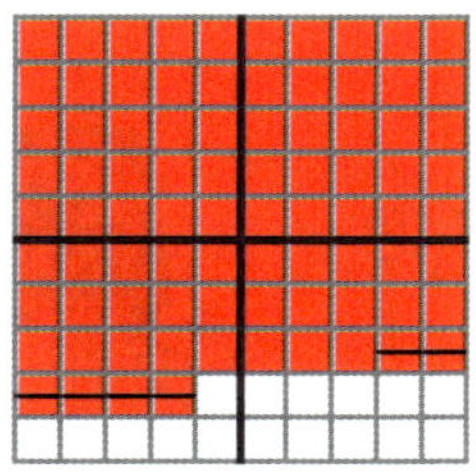

d) 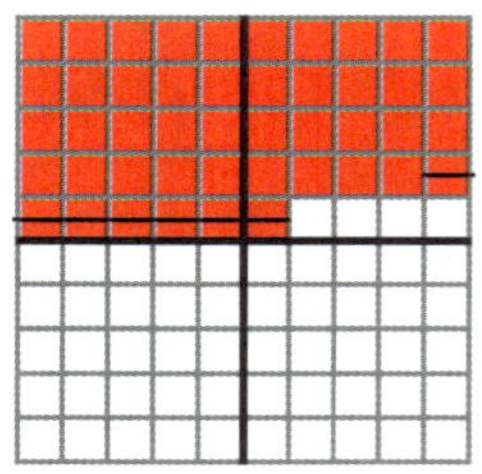

e) 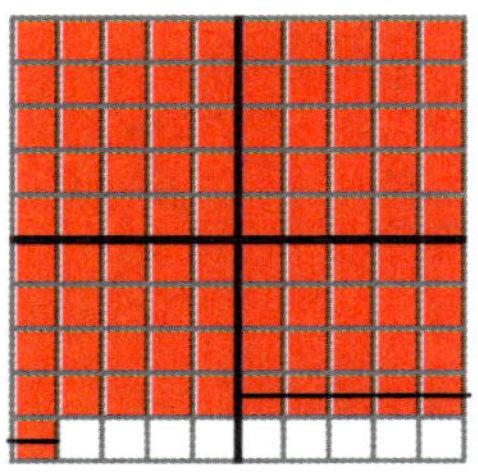

f) 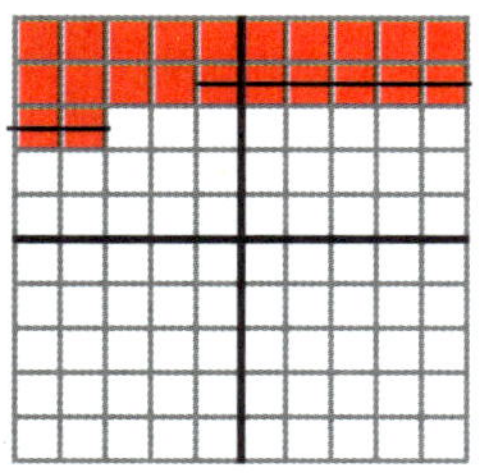

g) 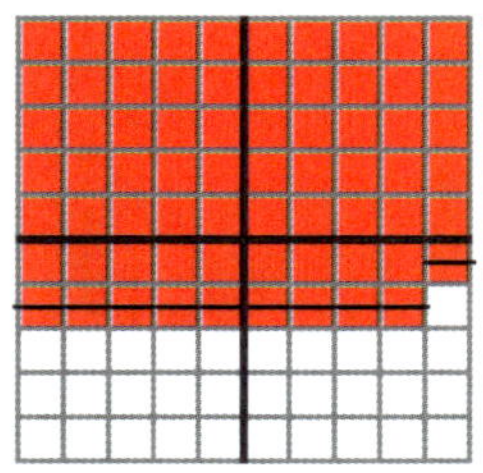

h) 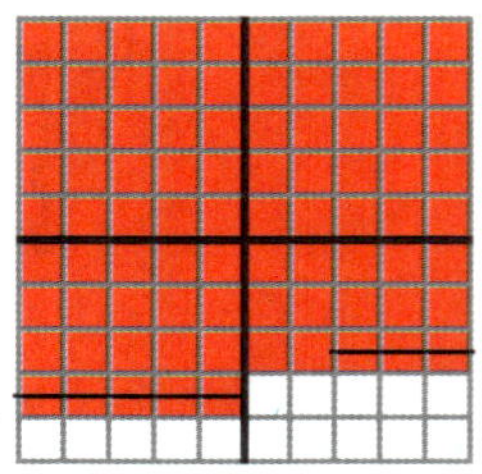

## 3 Rechne und finde die Regel. Setze um eine Aufgabe fort.

| a) | b) | c) |
|---|---|---|
| 52 – 6 = | 36 – 9 = | 52 – 3 = |
| 62 – 6 = | 45 – 8 = | 63 – 4 = |
| 72 – 6 = | 54 – 7 = | 74 – 5 = |
| 82 – 6 = | 63 – 6 = | 85 – 6 = |

## 4 Finde in jedem Päckchen einen Fehler.

| a) | b) | c) | d) |
|---|---|---|---|
| 43 – 7 = 36 | 81 – 8 = 73 | 45 – 6 = 39 | 94 – 6 = 88 |
| 76 – 9 = 66 | 24 – 6 = 18 | 62 – 4 = 58 | 36 – 8 = 26 |
| 65 – 7 = 58 | 33 – 7 = 24 | 83 – 9 = 72 | 47 – 9 = 38 |
| 52 – 6 = 46 | 75 – 6 = 69 | 54 – 9 = 45 | 55 – 8 = 47 |
| 23 – 9 = 14 | 43 – 8 = 35 | 36 – 7 = 29 | 84 – 7 = 77 |

## 5 Rechne.

a)

| – 6 | |
|---|---|
| 74 | |
| 22 | |
| 45 | |
| 93 | |

b)

| – 9 | |
|---|---|
| 58 | |
| 23 | |
| 77 | |
| 36 | |

c)

| – 5 | |
|---|---|
| 43 | |
| 71 | |
| 32 | |
| 64 | |

d)

| – 7 | |
|---|---|
| 44 | |
| 36 | |
| 85 | |
| 61 | |

## 6 Rechne.

a)

74 Kinder der Gutenberg-Schule möchten an einem Sportfest teilnehmen. 6 Kinder werden krank und bleiben zu Hause.

b)

Johanna hat 36 Aufkleber gesammelt. 8 Aufkleber schenkt sie ihrer Freundin.

# Zehner und Einer addieren

**1** Rechne wie Jonas.

| a) | b) | c) | d) |
|---|---|---|---|
| 32 + 17 = | 57 + 42 = | 45 + 32 = | 44 + 25 = |
| 53 + 34 = | 21 + 68 = | 37 + 51 = | 75 + 24 = |
| 76 + 22 = | 46 + 23 = | 43 + 35 = | 43 + 14 = |
| 84 + 13 = | 52 + 37 = | 36 + 43 = | 21 + 56 = |

**2** Rechne wie Maja.

| a) | b) | c) |
|---|---|---|
| 44 + 33 = | 12 + 64 = | 37 + 22 = |
| 17 + 72 = | 74 + 13 = | 21 + 14 = |
| 25 + 54 = | 45 + 24 = | 55 + 11 = |
| 53 + 32 = | 43 + 56 = | 33 + 22 = |

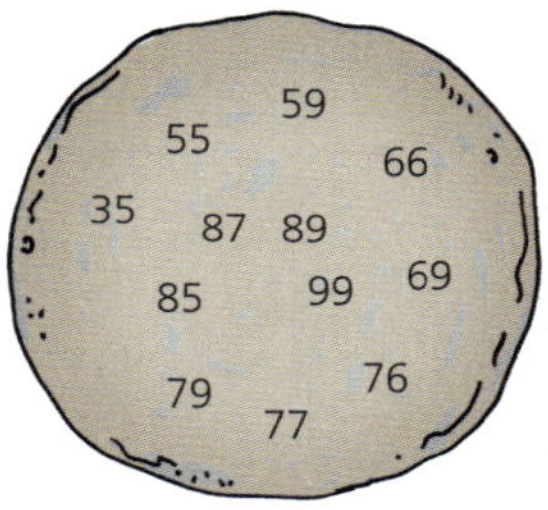


**3** Wähle einen Rechenweg und rechne.

| a) | b) | c) |
|---|---|---|
| 51 + 18 = | 35 + 41 = | 44 + 22 = |
| 42 + 26 = | 12 + 65 = | 11 + 38 = |
| 34 + 53 = | 48 + 11 = | 16 + 72 = |
| 73 + 12 = | 56 + 22 = | 61 + 34 = |

Ergänze die fehlenden Zahlen.

a)

b)

c)

d)

Unterschiedliche Rechenstrategien bei Additionsaufgaben zweistelliger Zahlen kennen lernen.

**4** Übertrage die Rechendreiecke in dein Heft und ergänze die fehlenden Zahlen.

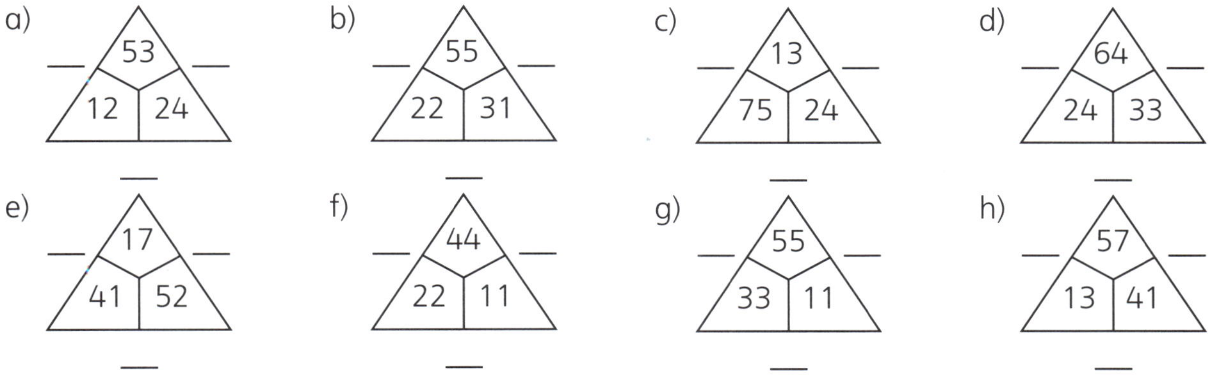


Setze die Zahlen ein. Schreibe in dein Heft.

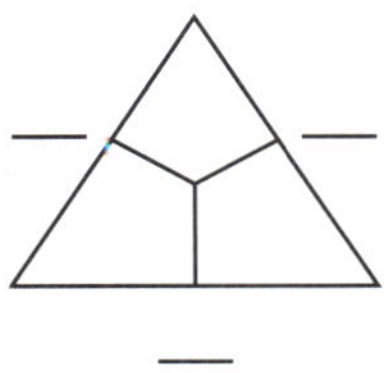

a)

| | | |
|---|---|---|
| 38 | 42 | 63 |
| 21 | 59 | 17 |

b)

| | | |
|---|---|---|
| 56 | 35 | 12 |
| 79 | 44 | 47 |

c)

| | | |
|---|---|---|
| 86 | 52 | 93 |
| 34 | 41 | 75 |

**5** Rechne.

a) Im Turnverein sind 32 Kinder angemeldet. 17 kommen noch dazu.

b) 14 Kinder sind schon auf dem Trampolin gesprungen. 15 Kinder möchten noch springen.

c) Bei einer Vorführung tanzen 24 Kinder mit einem gelben Band und 31 mit einem roten Band.

d) In der gelben Kiste sind 31 Jonglierbälle, in der grünen Kiste sind 17 Jonglierbälle.

# Zehner und Einer subtrahieren

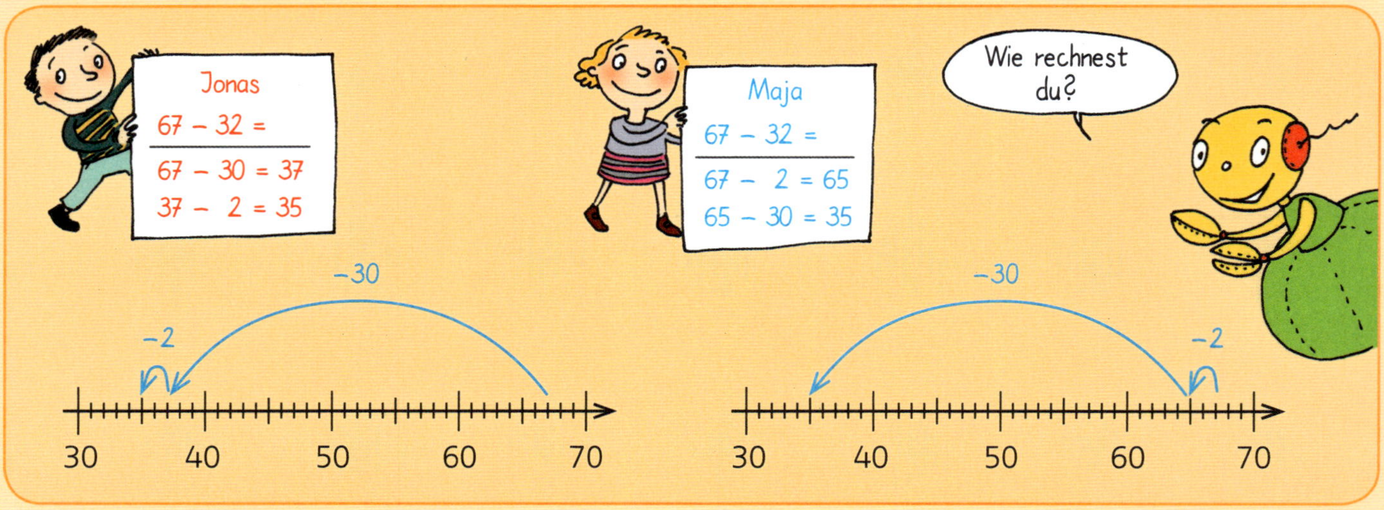


**1** Rechne wie Jonas.

a) 87 – 25 = ☐
99 – 33 = ☐
34 – 12 = ☐
76 – 55 = ☐

b) 82 – 41 = ☐
65 – 34 = ☐
58 – 23 = ☐
73 – 62 = ☐

c) 69 – 35 = ☐
78 – 24 = ☐
95 – 42 = ☐
47 – 21 = ☐

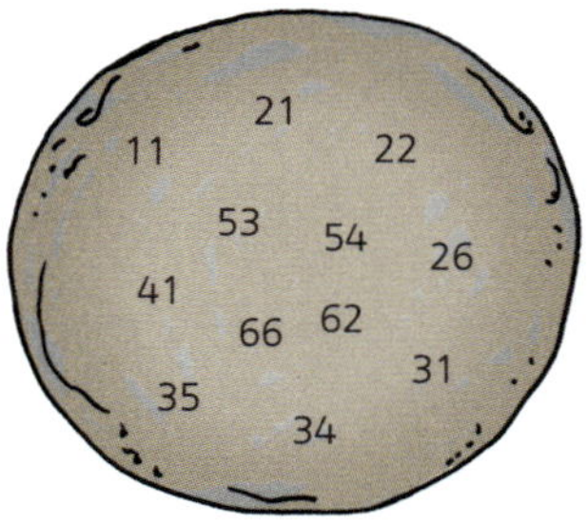


**2** Rechne wie Maja.

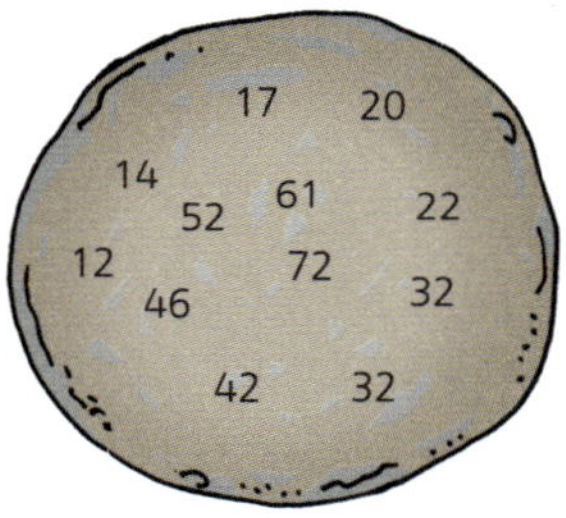


a) 83 – 22 = ☐
95 – 23 = ☐
45 – 31 = ☐
55 – 43 = ☐

b) 78 – 46 = ☐
79 – 62 = ☐
97 – 55 = ☐
87 – 41 = ☐

c) 73 – 41 = ☐
86 – 34 = ☐
41 – 21 = ☐
55 – 33 = ☐

**3** Wähle einen Rechenweg und rechne.

a) 56 – 24 = ☐
98 – 45 = ☐
65 – 23 = ☐
34 – 12 = ☐

b) 27 – 16 = ☐
79 – 38 = ☐
46 – 23 = ☐
88 – 44 = ☐

c) 65 – 33 = ☐
77 – 16 = ☐
83 – 52 = ☐
99 – 28 = ☐

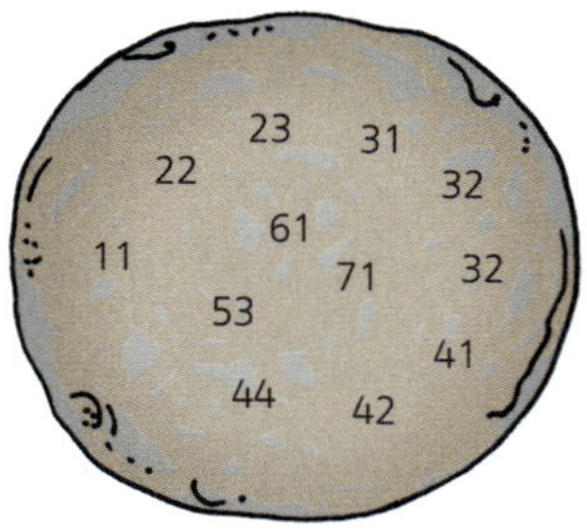


Ergänze die fehlenden Zahlen in den Rechenmauern.

a) 

b) 

c) 

d) 

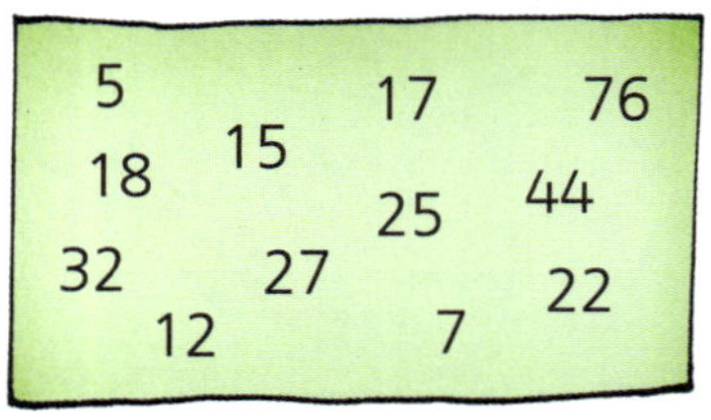


 Unterschiedliche Rechenstrategien bei Subtraktionsaufgaben zweistelliger Zahlen kennen lernen.

**4** Rechne.

a) 48 Kinder möchten Ferien auf dem Ponyhof machen. Es gibt auf dem Ponyhof 35 Betten.

b) Der Bauer hat 64 Hafersäcke für seine Pferde gekauft. 22 Hafersäcke wurden schon verfüttert.

c) 49 Pferde grasen auf der Weide. 26 Pferde werden schon in den Stall gebracht.

d) Im Ponyhof gibt es 55 Sättel. 14 davon müssen repariert werden.

**5** Rechne und schreibe in dein Heft.

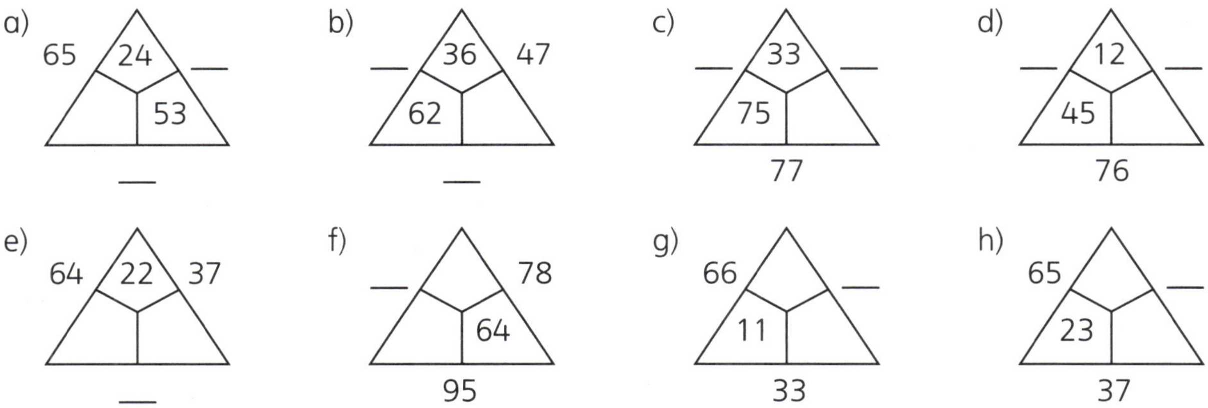


Setze die passenden Zahlen ein.

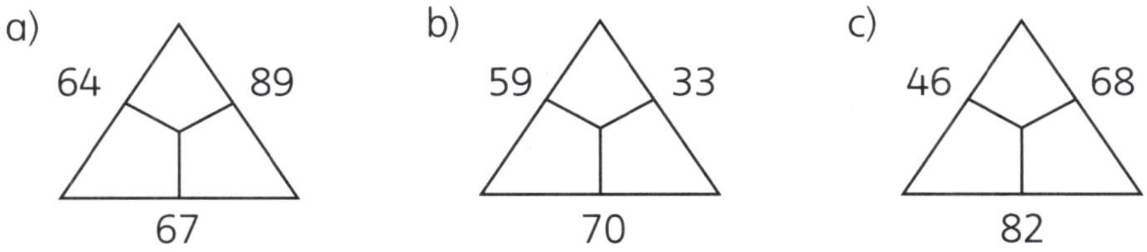

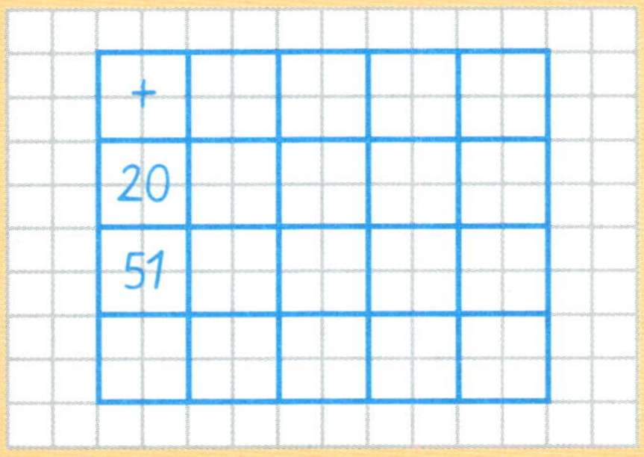

**1** Rechne und schreibe in dein Heft.

a)

| + | 20 | 40 | 15 | 34 |
|---|---|---|---|---|
| 23 | | | | |
| 41 | | | | |
| 55 | | | | |

b)

| + | 24 | 35 | 33 | 12 |
|---|---|---|---|---|
| 32 | | | | |
| 51 | | | | |
| 64 | | | | |

c)

| + | 24 | 20 | 21 | 16 |
|---|---|---|---|---|
| 44 | | | | |
| 62 | | | | |
| 73 | | | | |

d)

| – | 30 | 50 | 25 | 46 |
|---|---|---|---|---|
| 68 | | | | |
| 77 | | | | |
| 55 | | | | |

e)

| – | 14 | 25 | 33 | 42 |
|---|---|---|---|---|
| 49 | | | | |
| 86 | | | | |
| 57 | | | | |

f)

| – | 24 | 41 | 15 | 32 |
|---|---|---|---|---|
| 95 | | | | |
| 79 | | | | |
| 48 | | | | |

**2** Schreibe alle Plus- und Minusaufgaben auf.

a)

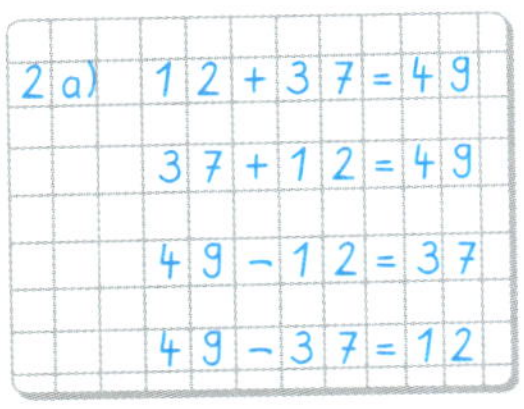


b)

c)

d)

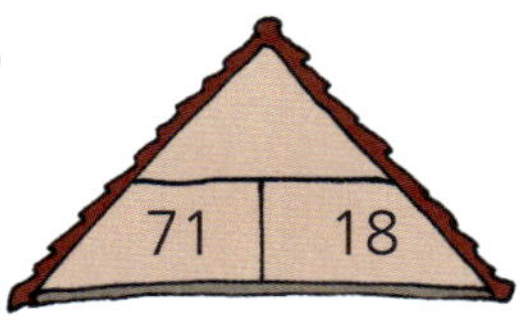


e)

f)

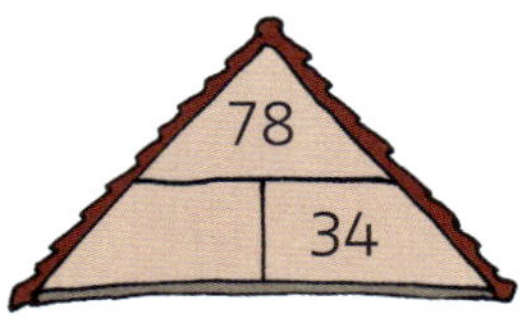


g)

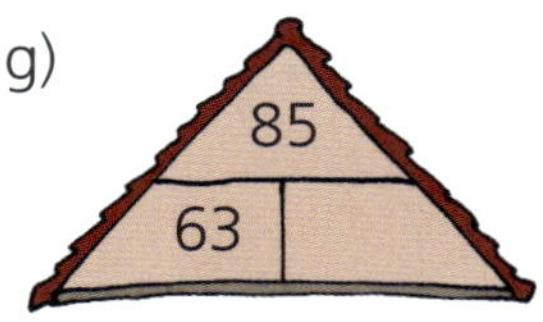


h)

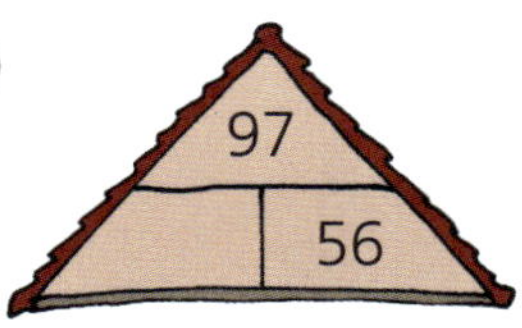


i)

j)

k)

 Unterschiedliche Übungsformate zur Additon und Subtraktion im Zahlenraum bis 100 anwenden.

## 3 Rechne und ergänze.

a)

b)

## Rechne und ergänze.

a)

b)
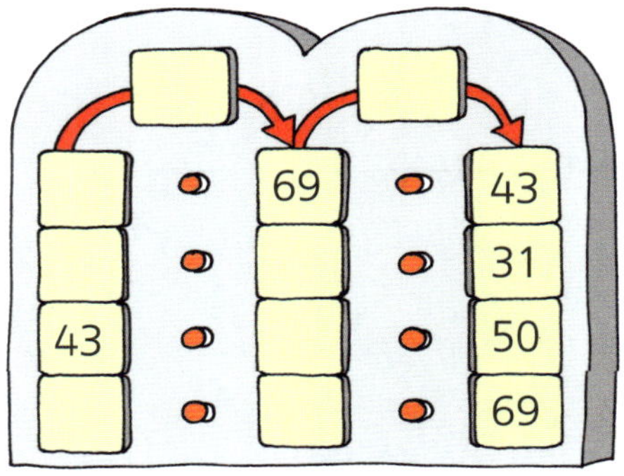


## 4 Rechne.

a)

b)

c)

d)

e)

f)

g)

h)

## Ergänze.

a)

b)

c)

d)

## 19 Ergänzen im Zahlenraum bis 100

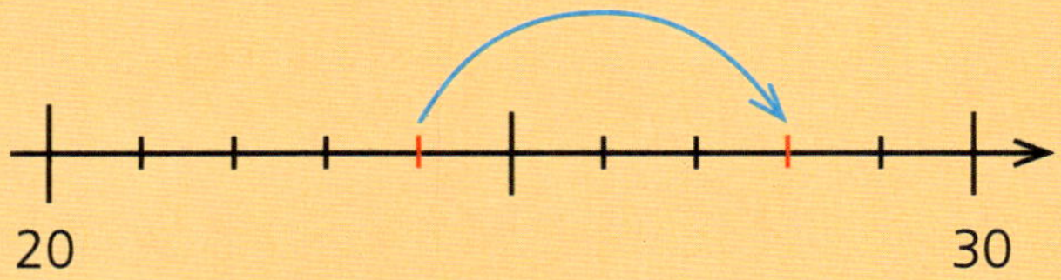


24 + 4 = 28

**1** Ergänze.

a)
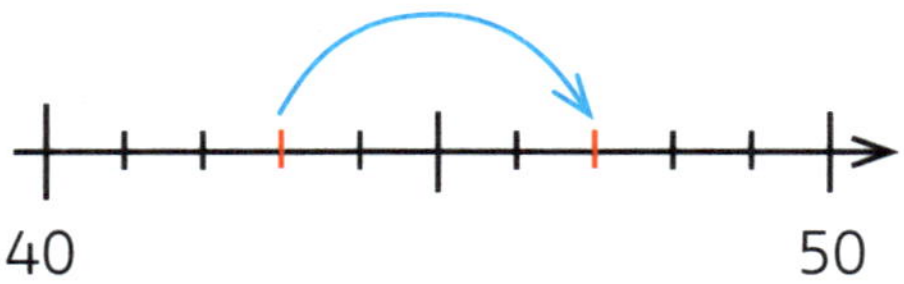


43 + ☐ = 47

b)
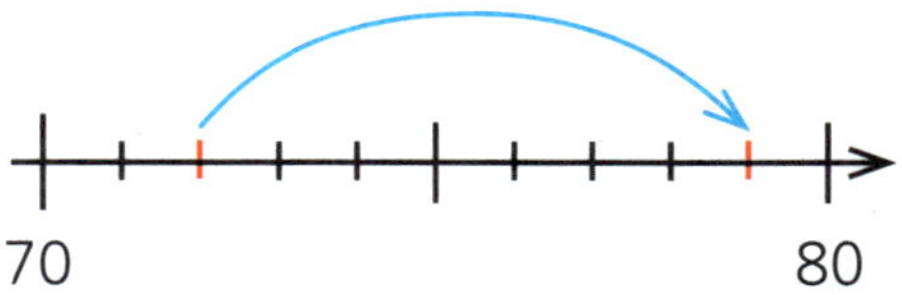


72 + ☐ = 79

c)
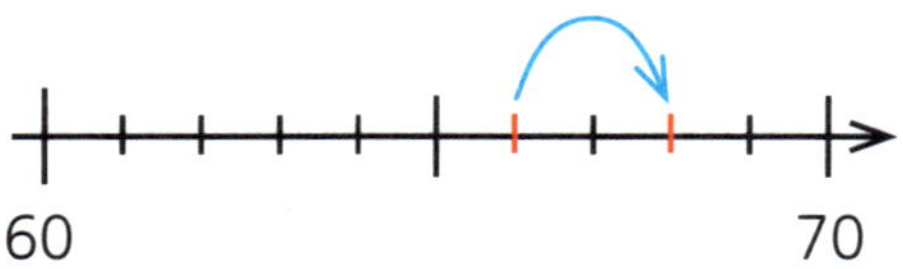


66 + ☐ = 68

d)
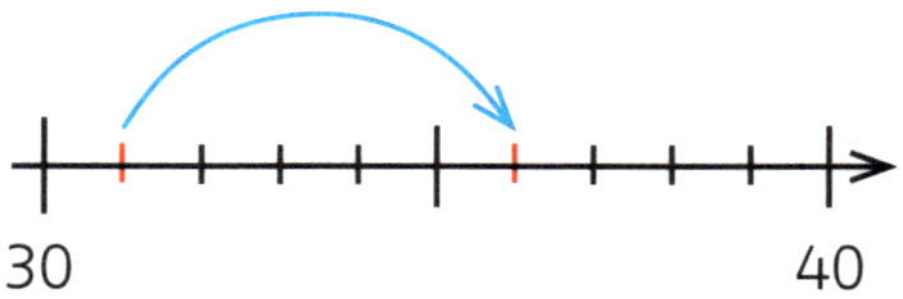


31 + ☐ = 36

e)
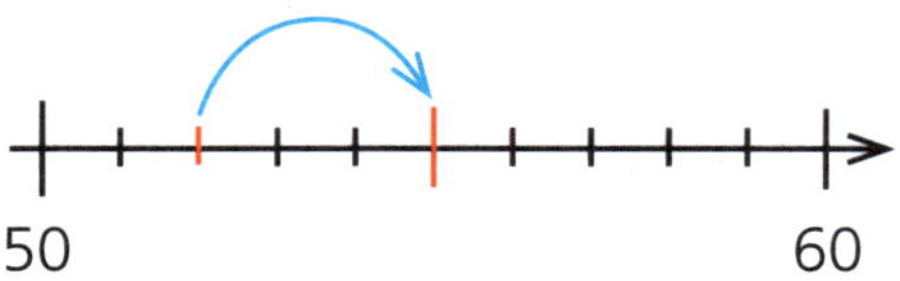


52 + ☐ = 55

f)
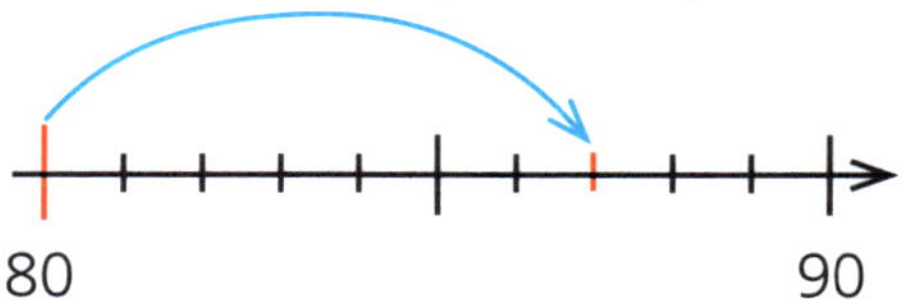


80 + ☐ = 87

**2** Bilde passende Aufgaben und rechne.

a)
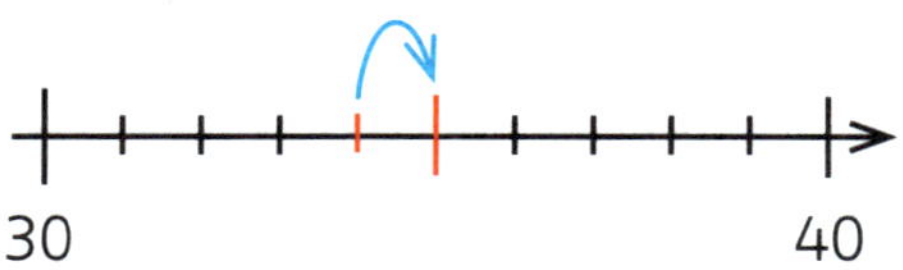


b)
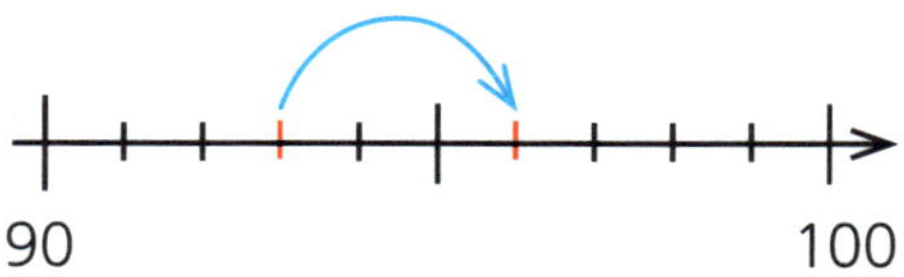


c)
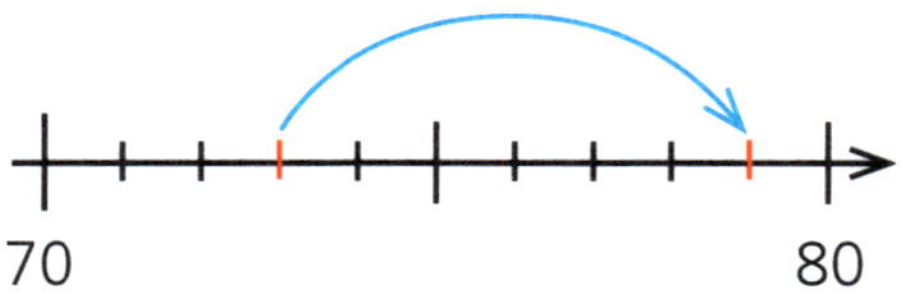


d)
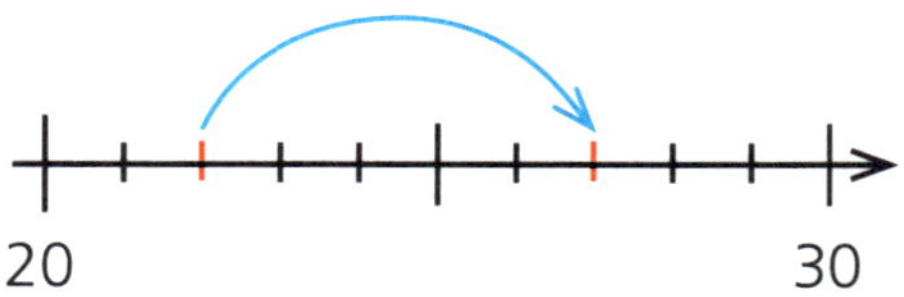


e)
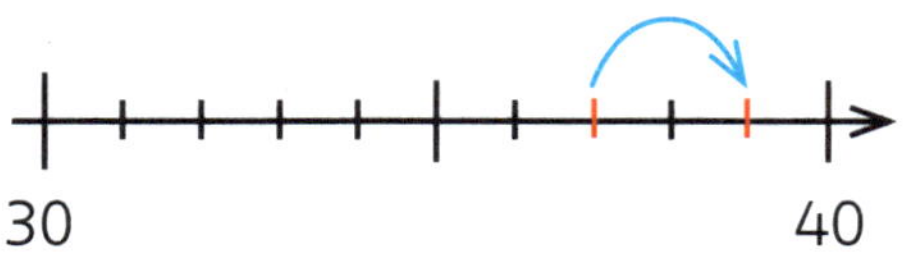


f)
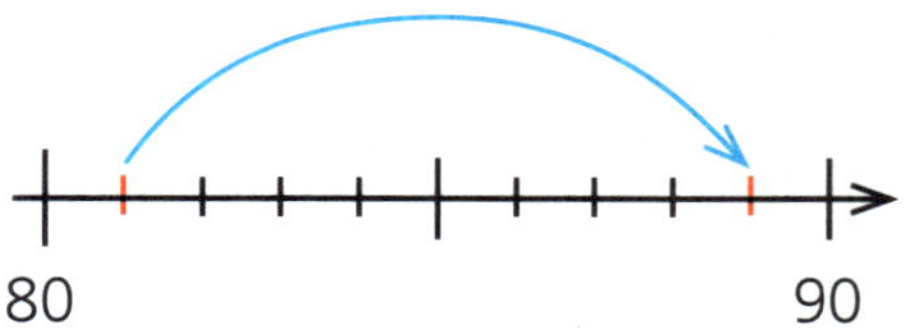


g)
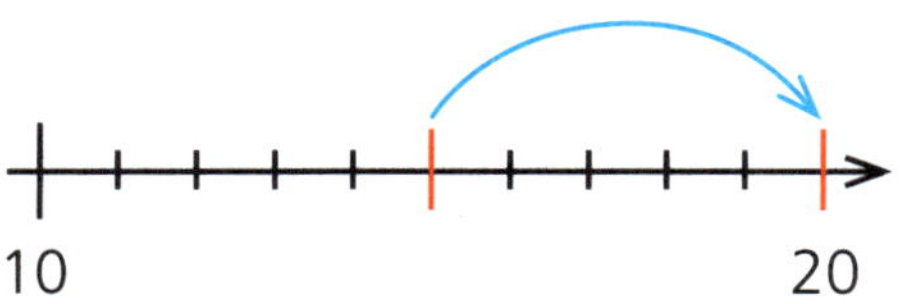


h)
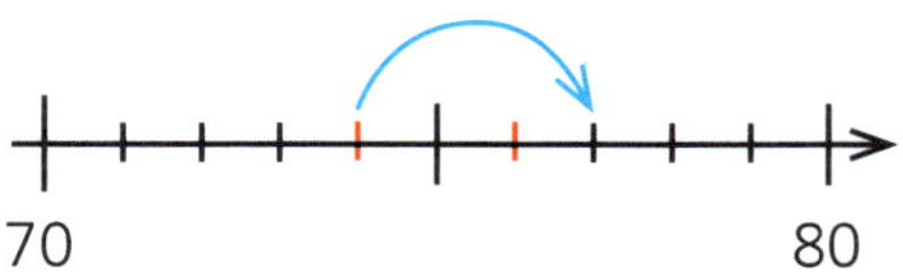

**3** **Ergänze.**

a) 32 + ☐ = 37
78 + ☐ = 79
54 + ☐ = 58
91 + ☐ = 97

b) 46 + ☐ = 48
65 + ☐ = 70
23 + ☐ = 26
50 + ☐ = 58

c) 71 + ☐ = 78
94 + ☐ = 99
48 + ☐ = 49
62 + ☐ = 64

d) 55 + ☐ = 100
84 + ☐ = 100
76 + ☐ = 100
31 + ☐ = 100

**4** **Rechne.**

a) Nils hat 22 € gespart. Er möchte sich ein Spiel für 28 € kaufen. Wie viel Geld muss er noch sparen?

b) Frida hat 41 € gespart. Sie möchte sich eine Gitarre für 45 € kaufen. Wie viel Geld fehlt ihr noch?

c) Anne hat 32 €. Sie möchte sich für 38 € eine Jacke kaufen. Wie viel Geld fehlt ihr?

d) Peer hat 17 €. Er braucht für ein neues Buch 19 €. Wie viel muss er noch sparen?

**5** **Rechne und übertrage in dein Heft..**

a)

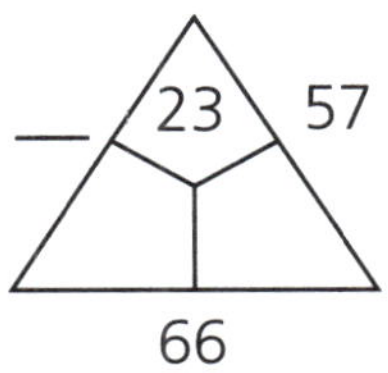


b)

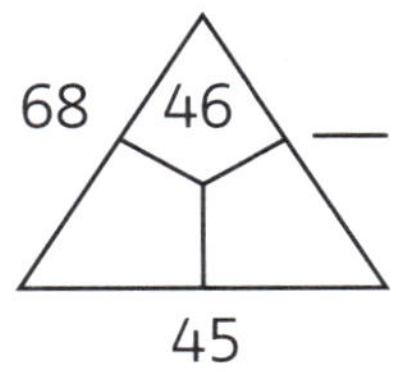


c)

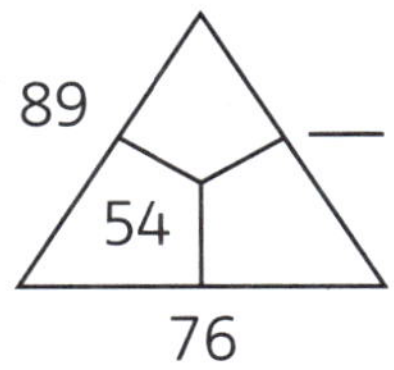


d)

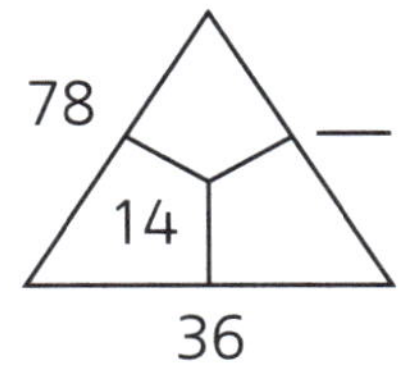


**Setze die passenden Zahlen ein.**

a) 13 + ☐ + ☐ = 19
22 + ☐ + ☐ = 28
73 + ☐ + ☐ = 80

4 3 2 1 6 3

b) 81 + ☐ + ☐ = 87
95 + ☐ + ☐ = 99
62 + ☐ + ☐ = 66

5 2 3 1 2 1

# 20 Dominosteine

1 Zu jedem Dominostein passen zwei Zahlen.

a) 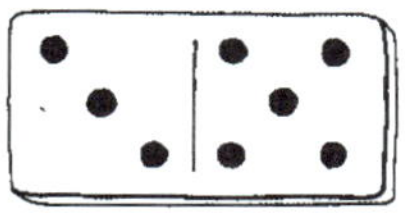

b) 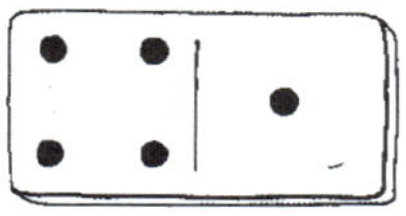

c) 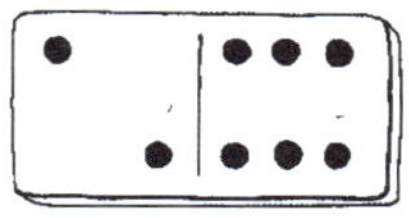

d) 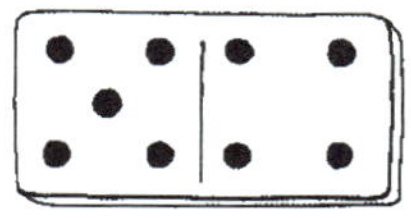

2 Lege die Dominosteine so, dass Zahlen größer als 20 und kleiner als 50 entstehen.
Welche Dominosteine passen nicht dazu?

Lege die Dominosteine so, dass eine Rechenaufgabe entsteht.

a) 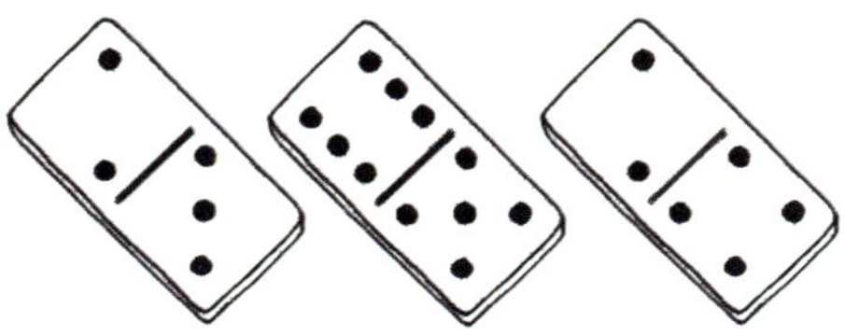

b) 

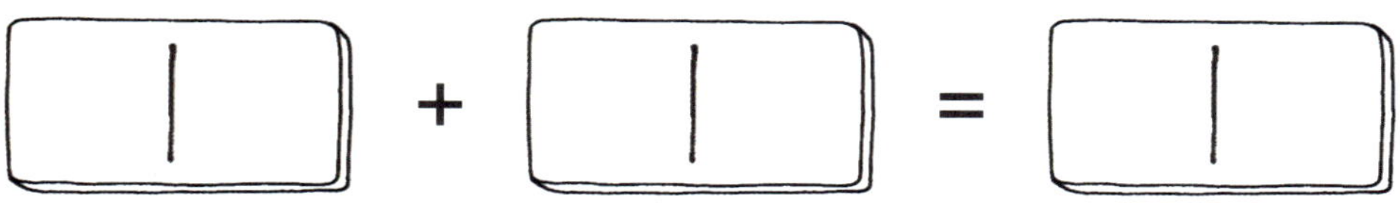

3 Welcher Dominostein liegt verdeckt? Erkläre warum.

a)

b)

c)

d)

4 Welcher Dominostein passt nicht dazu? Erkläre warum.

a)

b)

c)

d)

# Zoohandlung

**1** Erzähle und finde Aufgaben.

**2** Welche Fragen kannst du beantworten? Schreibe auf und rechne.

- Wie viel kostet das Fischfutter?
- Wie viele Mäuse wurden verkauft?
- Wie viel kosten 9 Dosen Hundefutter?
- Wie viel Geld hat er noch übrig?
- Wie viele Fische waren es gestern?
- Was essen die Hasen?
- Wie viele Hundeknochen sind es insgesamt?
- Wie viele Knabberstangen wurden verkauft?

 Rechengeschichten erzählen und Aufgaben bilden. Passende Fragen finden und rechnen.

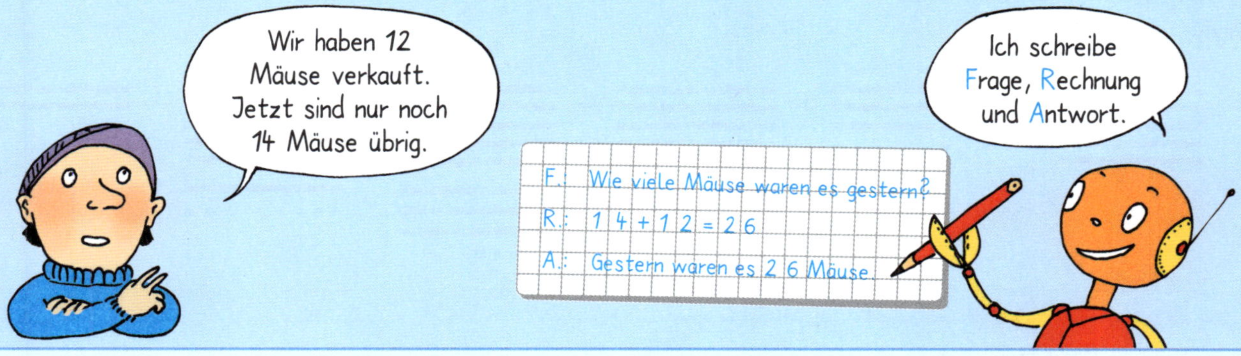


**3** **Wähle eine passende Frage.**
**Schreibe Frage, Rechnung und Antwort.**

a)

b)

c)

a)
- Mit wem telefoniert Frau Müller?
- Wie viele Fische sind es zusammen?
- Was essen die Fische?

b)
- Wie viel kosten 2 Kaninchen?
- Wie heißen die Kaninchen?
- Hat Julia Geburtstag?

c)
- Was ist Bello für ein Hund?
- Wo ist die Katze?
- Wie viel kosten die beiden Sachen zusammen?

**4** **Schreibe Frage, Rechnung und Antwort.**

a) Leonie hat 40 €. Sie möchte sich ein Kaninchen für 21 € kaufen.

b) Frau Müller kauft einen Katzenbaum für 24 € und ein Vogelhaus für 12 €.

c) In der Zoohandlung stehen 33 Packungen Vogelfutter, 54 Packungen stehen noch im Lager.

d) Letzte Woche gab es noch 44 Hundekörbe in der Zoohandlung. Jetzt sind es nur noch 31.

**Male oder schreibe eine eigene Rechengeschichte: In der Zoohandlung.**

**1** Wie heißt die Zahl?

a) b) c) d) e) f)

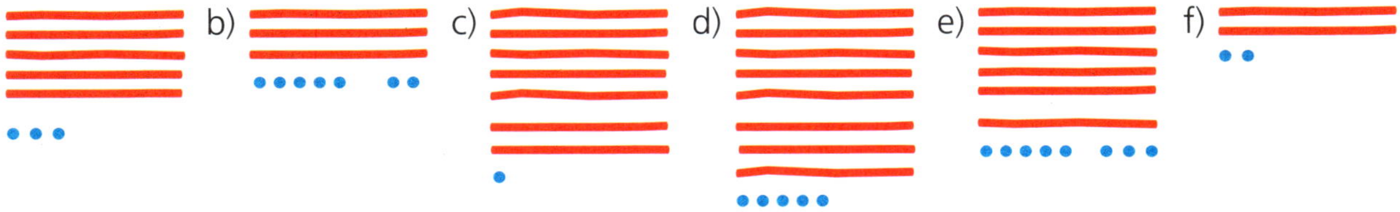

**2** Ergänze die fehlenden Zahlen.

a) b) c) d)

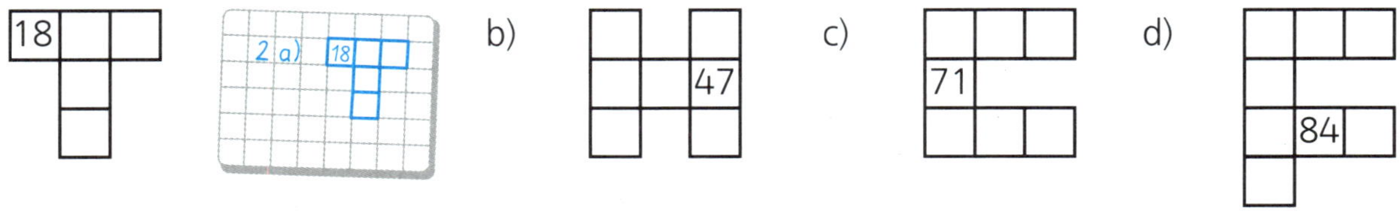


**3** Schreibe die Sternzahlen auf.

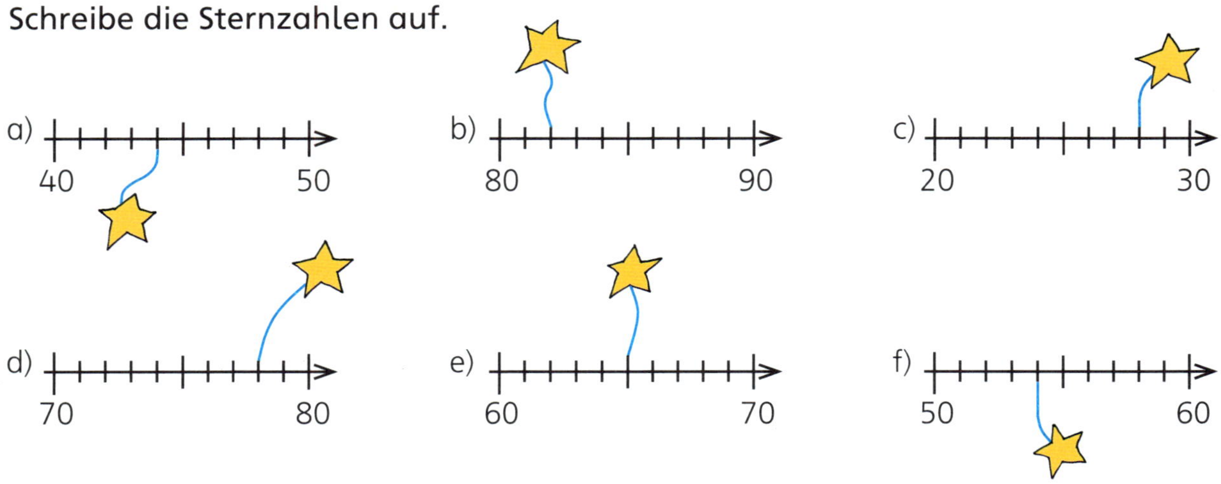


**4** Ordne die Zahlen der Größe nach.

a) 91 44 9 60 13

b) 51 43 76 80 14

c) 17 85 62 74 15

d) 11 1 100 10 0

**5** Welche Figuren sind symmetrisch? Untersuche.

a)

b)

c)

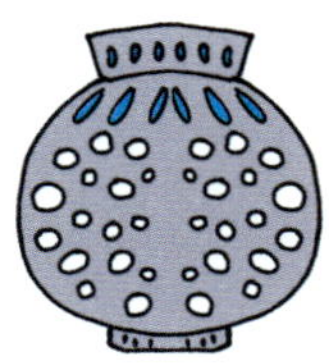



In Aufgabe 4 können die Kinder einen Zahlenstrahl zur Orientierung benutzen.

**6** Zeichne das Muster in dein Heft und spiegele.

a) 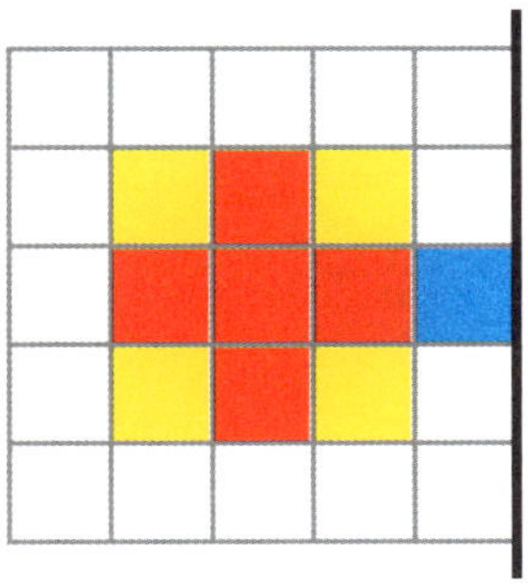

b) 

c) 

**7** Bilde Aufgaben und rechne.

a) 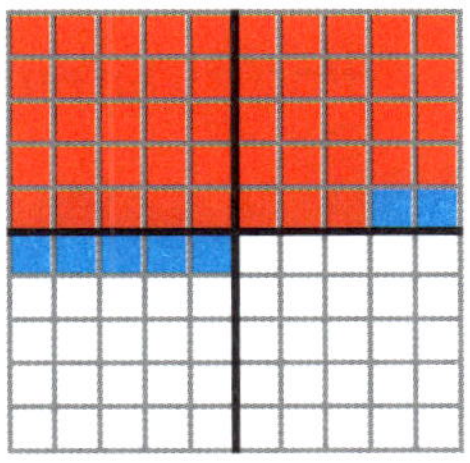

b) 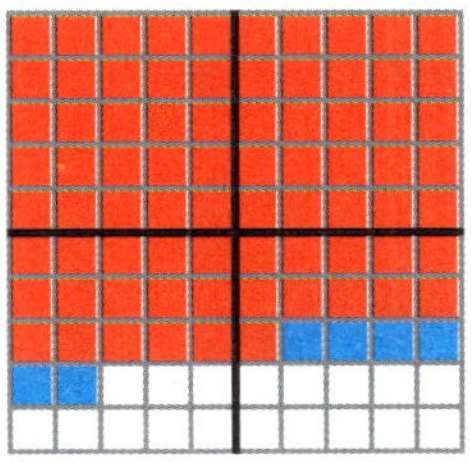

c) 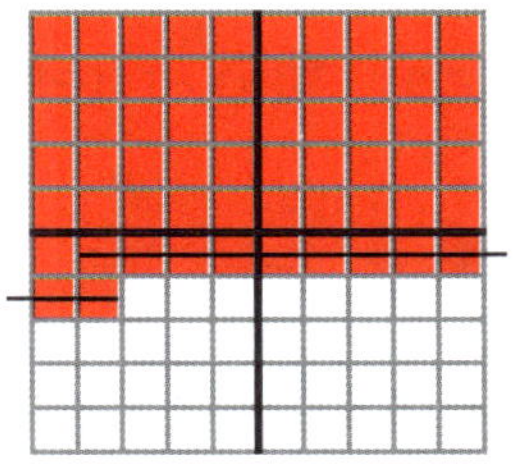

d) 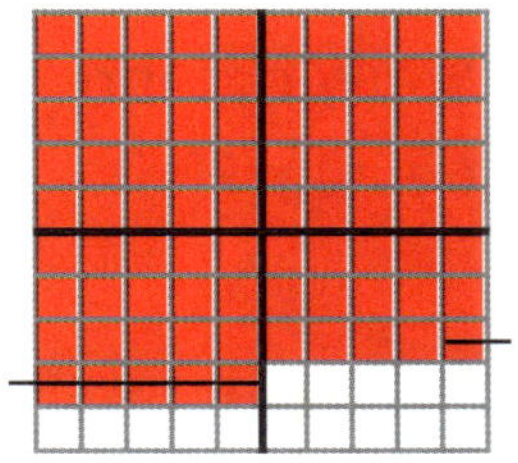

**8** Rechne und überprüfe die Ergebnisse.

a) 27 + 5 = 
76 + 7 = 
34 + 8 = 
62 + 9 = 
75 + 6 = 

b) 83 – 8 = 
17 – 8 = 
24 – 6 = 
61 – 4 = 
46 – 9 = 

c) 84 + 8 = 
68 – 9 = 
45 + 7 = 
92 – 7 = 
52 – 6 = 

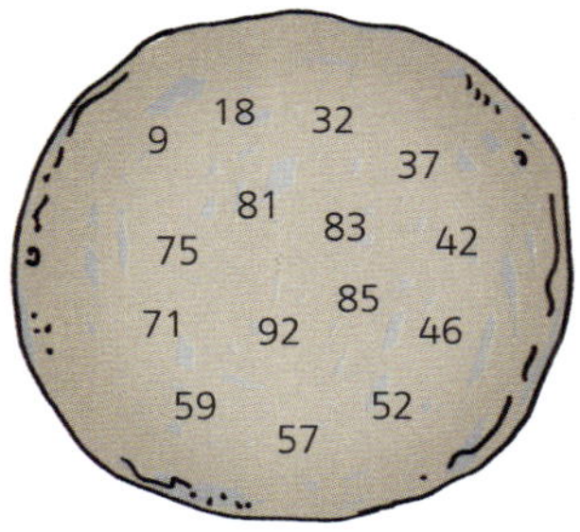


**9** Rechne und schreibe in dein Heft.

a)

| + | 22 | 13 | 35 |
|---|---|---|---|
| 17 | | | |
| 34 | | | |
| 58 | | | |

b)

| – | 35 | 46 | 21 |
|---|---|---|---|
| 87 | | | |
| 96 | | | |
| 48 | | | |

c)

| + | 56 | 32 | 41 |
|---|---|---|---|
| 42 | | | |
| 20 | | | |
| 33 | | | |

**10** Schreibe Frage, Rechnung und Antwort.

a) Anna hat 48 €.
Ein Wellensittich kostet 11 €.

b) In der Zoohandlung gibt es 26 Halsbänder für Hunde und 33 für Katzen.

# Häufig, selten, nie

**1** **Emily hat ihre Strichliste schon erstellt. Vervollständige das Streifendiagramm in deinem Heft.**

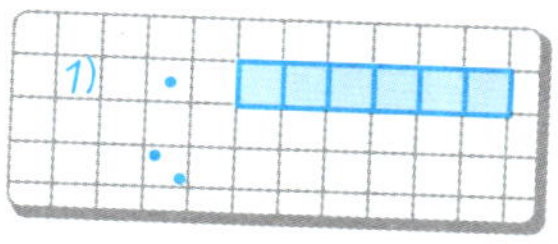

**2** **Hilf Emily und Ben die Fragen zu beantworten.**

a) Welche Augenzahl wurde am häufigsten gewürfelt?

b) Gibt es eine Augenzahl, die nie gewürfelt wurde?

c) Welche Augenzahlen wurden nur selten gewürfelt?

**3** **Probiere selbst. Würfle 50-mal.**

a) Erstelle eine Strichliste.

b) Male ein passendes Streifendiagramm dazu.

c) Beantworte die Fragen aus Aufgabe 2 zu deinem Würfelexperiment.

**Vergleiche deine Ergebnisse mit denen eines anderen Kindes.**

**4** Würfle mit zwei Würfeln 50-mal. Addiere jeweils die beiden erwürfelten Augenzahlen und schreibe das Ergebnis auf.

a) Erstelle eine Strichliste.

b) Welche Summen kommen häufig vor?

c) Welche Summen kommen selten vor?

d) Gibt es eine Summe, die nie erwürfelt wurde?

Du hast zwei Würfel. Mit welchen Würfen kannst du die Zahl bilden?

a) 2 b) 3 c) 4 d) 5

e) 7 f) 10 g) 12

Würfle gleichzeitig mit deinem Partner. Wie oft würfelt ihr, bis ihr die gleiche Augenzahl erwürfelt? 

a) Würfelt mit einem Würfel. b) Würfelt mit 2 Würfel.

**5** Welches Glücksrad möchtest du drehen? Warum? 

**1** Wie können sich Jan, Lisa und Mia noch aufstellen, damit das Foto anders aussieht?

1) 1. Lisa, Mia
2. Mia, Jan, Lisa
3. Jan,

**2** Ein viertes Kind kommt hinzu: Alex. Wie viele unterschiedliche Möglichkeiten findest du?

Stelle dich mit 3 oder 4 Kindern aus deiner Klasse immer verschieden auf.

 Kombinationsmöglichkeiten der Kinder aufschreiben.

3 Anna feiert Geburtstag. Sie hat 4 Kinder eingeladen. Alle Kinder begrüßen sich mit Handschlag. Wie oft werden die Hände geschüttelt, wenn jeder sich mit jedem begrüßt? Schreibe alle Möglichkeiten auf.

3) T, P
T, A

4 Blau, Rot und Grün sind Leons Lieblingsfarben. Bei seiner Geburtstagsfeier gibt es nur Ballons in diesen Farben. Am Ende darf sich jedes Kind 3 Ballons nach Hause nehmen. Wie viele verschiedene Möglichkeiten gibt es?

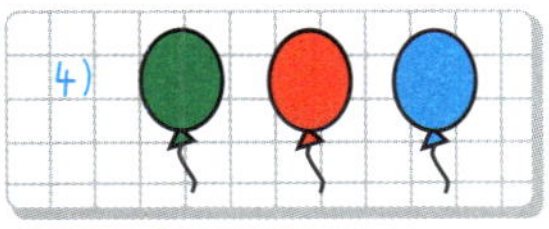

Tina feiert Geburtstag. Sie darf sich 3 Geschenke aussuchen. Wie viele Möglichkeiten hat sie?

T) ○✱□

# Euro und Cent

**1** Berechne die Geldbeträge.

a) 

b) 

c) 

d) 

**2** Finde passende Münzen und Scheine. 

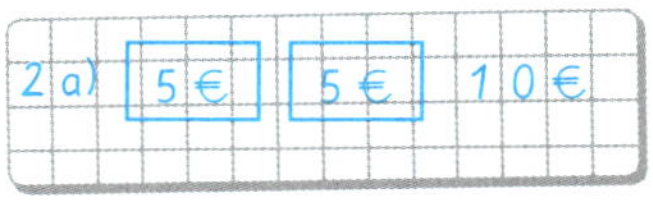


a) 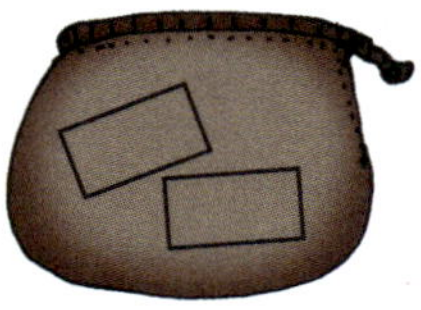
10 €

b) 
25 €

c) 
45 €

d) 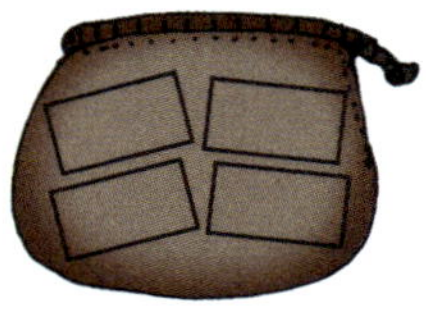
100 €

**3** Lege mit möglichst wenig Münzen und Scheinen und zeichne. 

a) 40 €

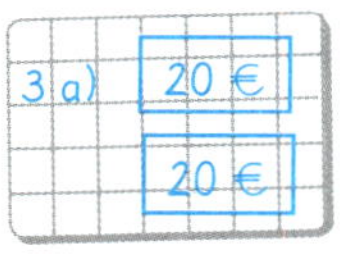


b) 77 € c) 82 € d) 18 € e) 61 €

Wie viel Geld kann das sein? Lege und zeichne verschiedene Möglichkeiten. 

a) Nina hat 3 Scheine. Es sind nur 10-€- und 20-€-Scheine.

b) Philipp hat 7 Münzen. Es sind nur 1-€-und 2-€-Münzen.

c) Ahmed hat in seiner Spardose 4 Scheine. Es sind weniger als 80 €.

d) Jonathan hat 5 Scheine gespart. Es sind mehr als 70 € und weniger als 100 €.

## 4 Berechne die Geldbeträge.

a) 

b) 

c) 

d) 

## 5 Finde passende Münzen.

a) 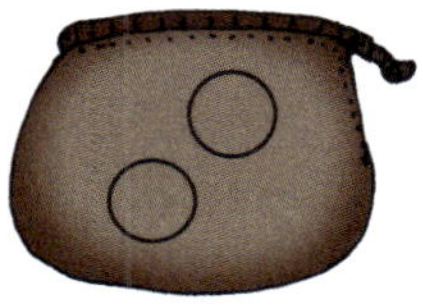
15 ct

b) 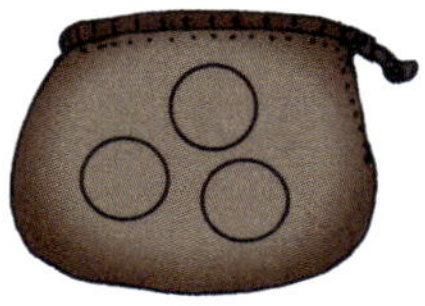
72 ct

c) 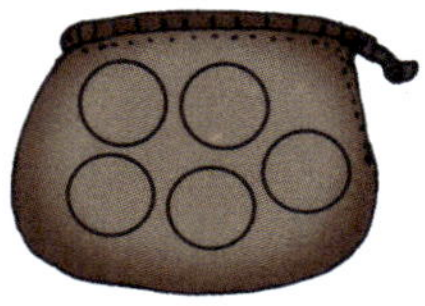
48 ct

d) 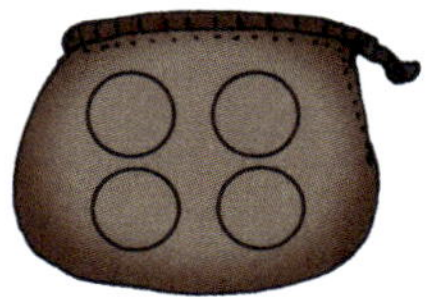
64 ct

## 6 Lege mit möglichst wenig Münzen und zeichne.

a) 90 ct

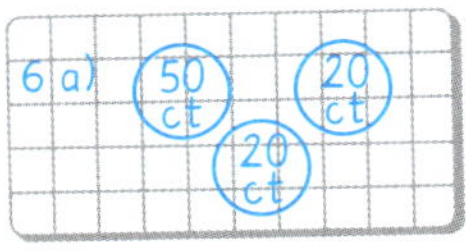


b) 76 ct

c) 45 ct

d) 88 ct

e) 32 ct

## Finde Antworten und schreibe deine Ideen zum Rechnen auf.

a) Hugo hat 12 €. Lea hat 27 € mehr als Hugo. Sie schenkt ihm 14 €. Wie viel Euro hat jetzt jeder?

b) Michael hat 14 € weniger als Tine. Sie hat 48 €. Sie schenkt ihm 8 €. Wie viel Geld hat jetzt jeder?

c) Johanna hat 8 € mehr als Charlotte, Maria hat 4 € weniger. Zusammen sind es 40 €. Wie viel Geld hat jeder?

d) Theresa hat 4 Münzen in ihrem Geldbeutel. Welche unterschiedlichen Münzen können es sein?

# Einkaufen

## 1

Berechne den Gesamtbetrag.

a)

1 a) 45 € + 15 € = 60 €

b)

c)

d)

e)

f)

Du darfst dir drei Gegenstände aussuchen, die höchstens 100 Euro kosten.

## 2

Berechne das Rückgeld.

a)

2 a) Preis: 11 €
Rückgeld: 9 €

b)

c)

d)

e)

f)

g)

h)

**3** Berechne den Gesamtpreis und das Rückgeld.

a)

b)

c)

d)

e)

f)

g)

3 a) Preis: 15 € + 31 € = 46 €
Rückgeld: 4 €

**4** Schreibe Frage, Rechnung und Antwort.

a) Johanna möchte sich ein Puzzle und eine Spielesammlung kaufen.

b) Anton kauft sich ein Skateboard und einen Schwimmring.

c) Ben möchte sich Schwimmflossen, einen Farbkasten und einen Fahrradhelm kaufen.

d) Leonie hat 70 € gespart. Sie möchte sich Inline-Skates kaufen.

e) Joel hat 30 € zum Geburtstag bekommen. Er möchte sich ein Puzzle und Schwimmflossen kaufen.

4 a) F: Wie viel muss sie bezahlen?
R: 16 € + 31 € =
A:

# Längen vergleichen

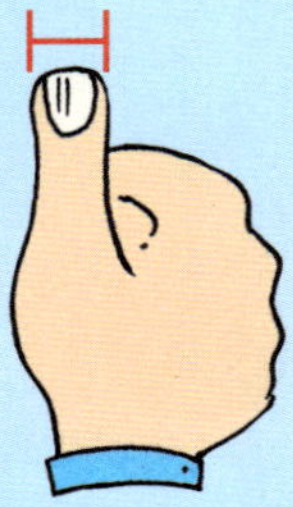

Daumenbreite

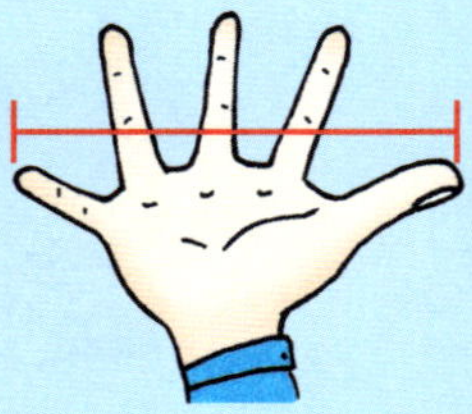

Handspanne

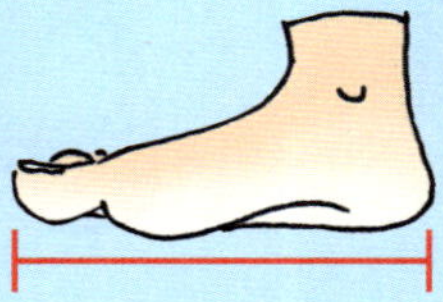

Fuß

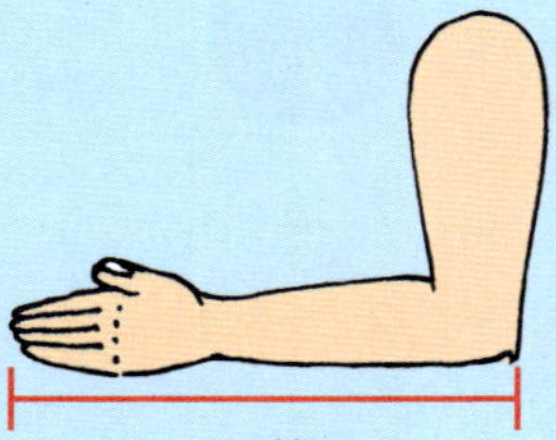

Elle

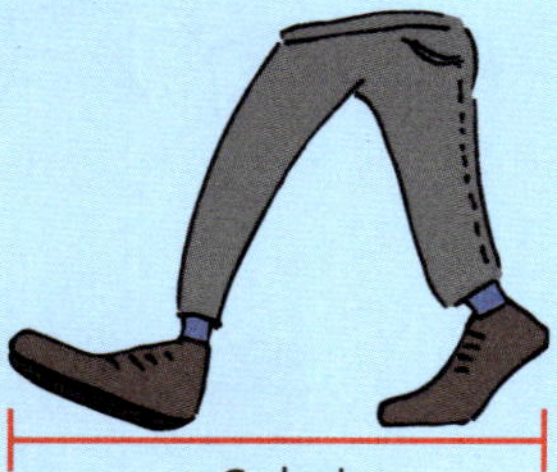

Schritt

Armspanne

**1** **Miss mit Körpermaßen.**

a) Länge deines Radiergummis:
☐ Daumenbreiten.

b) Breite deines Tisches:
☐ Handspannen.

c) Länge deines Klassenzimmers:
☐ Schritte.

d) Länge des Regals:
☐ Fuß.

e) Breite der Tür:
☐ Ellen.

**2** **Wähle ein geeignetes Körpermaß und miss. Schreibe die Maße auf.**

a) Höhe deines Tisches

b) Länge der ausgebreiteten Tafel

c) Länge deines Füllers

d) Höhe deiner Schultasche

e) Länge deines Mathematikbuches

f) Weg von der Klassentür bis zum Schulhof

**Suche dir 4 Gegenstände aus und wähle ein passendes Körpermaß zum Messen.**

 Verschiedene Körpermaße kennen lernen, damit messen und die Ergebnisse vergleichen.

**3** Kürzer, länger oder genau 1 Meter? Kontrolliere.

a) Höhe deiner Schultasche b) Breite des Fensters c) Höhe des Schultisches
d) Länge deines Lineals e) Breite der Tür
f) Höhe der Tafel

3 a) Kürzer als 1 Meter

**4** Miss mit dem Metermaß.

4 a) 4 Meter

a) Länge der Tafel b) Länge der Turnhalle
c) Länge des Schulflurs d) Breite der Schuleingangstür e) Länge des Schulhofes

Finde Gegenstände, die etwa einen Meter lang oder breit sind.

**5** Kontrolliere die Aussagen. Richtig oder falsch?

a) Ein Radiergummi ist ein Meter lang.
b) Unsere Schule ist 4 Meter lang.
c) Alle Lehrer sind größer als ein Meter.
d) Ein Mathematikbuch ist kürzer als ein Meter.
e) Der Hausmeister ist größer als 3 Meter.
f) Alle Kinder in unserer Klasse sind kleiner als 2 Meter.

# Meter und Zentimeter

**1** Schätze zuerst und miss die Gegenstände.

a) 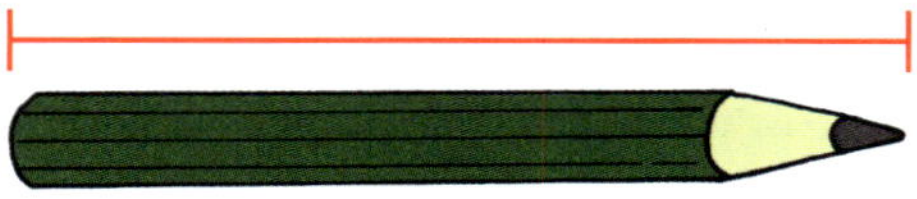

b) 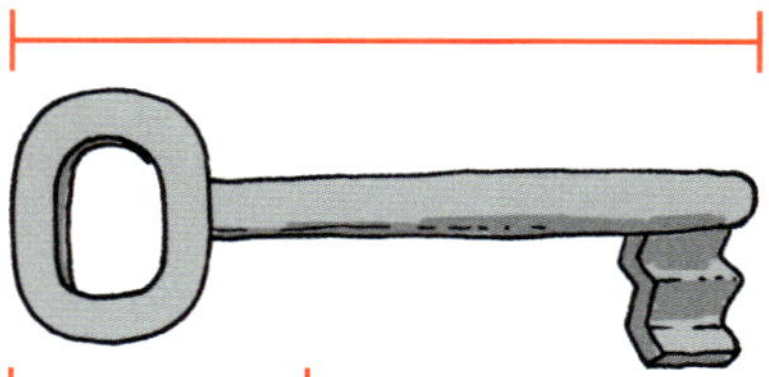

c) 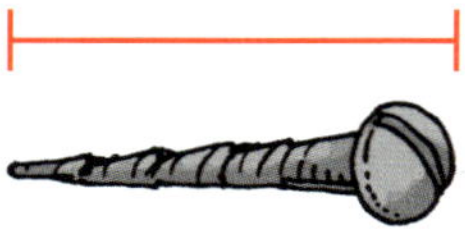

d) 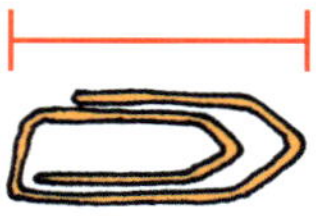

e) 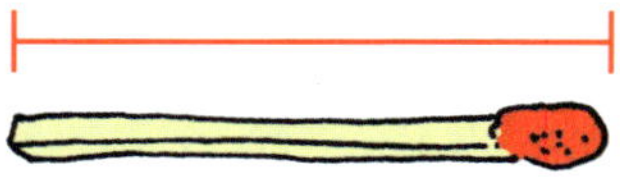

f) 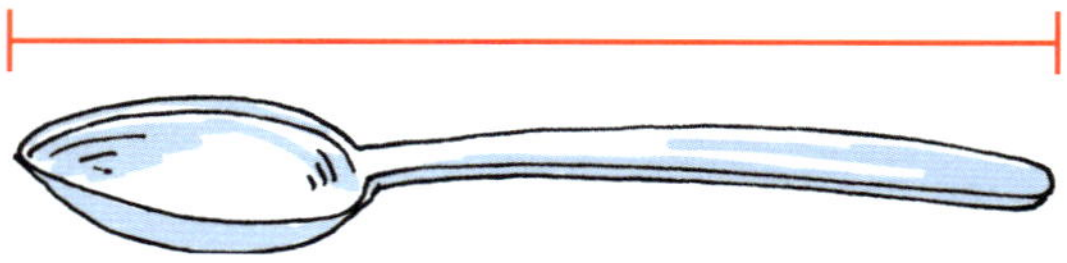

g) 

h) 

**2** Wie lang sind die Nägel? Miss und ordne der Größe nach.

a) 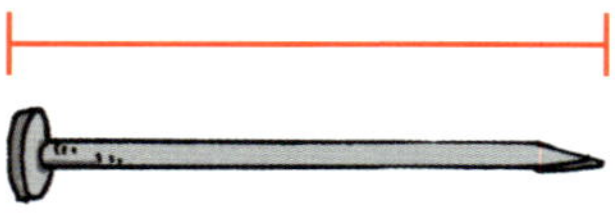

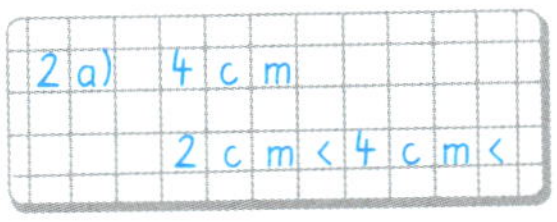


b) 

c) 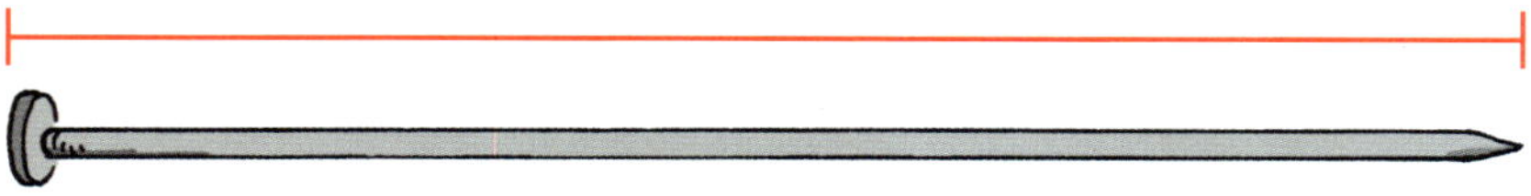

d) 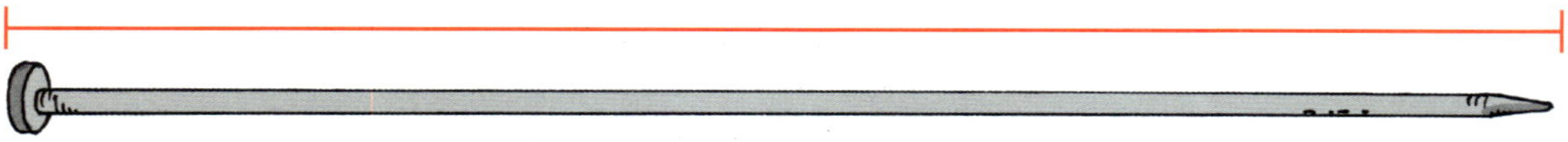

e) 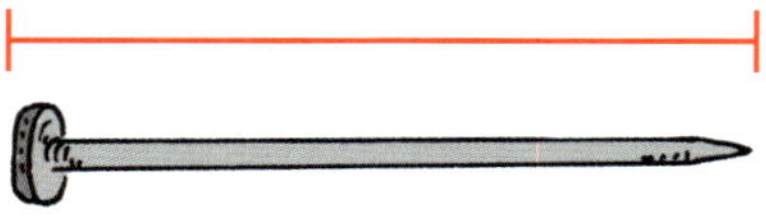

f) 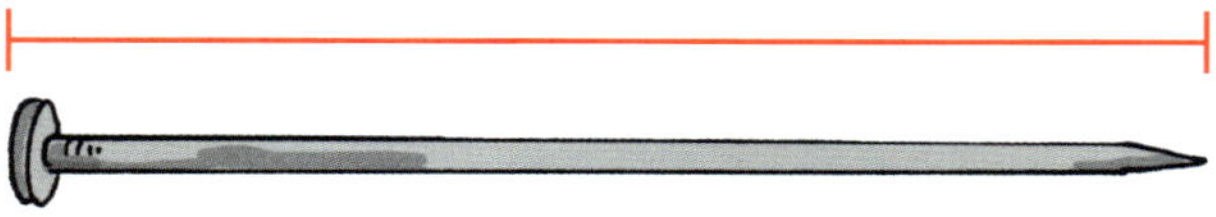

 Die Maßeinheit Zentimeter einführen. Strecken messen. Lineal bei Null anlegen.

**3** Bilde mit 3 anderen Kindern eine Gruppe. 

a) Wer ist am größten?

b) Wer ist am kleinsten?

c) Messt eure Größe und vergleicht.

**4** Erstelle mit deiner Klasse eine Messlatte und befestige dein Namensschild an der passenden Stelle.

a) Wer ist am größten?

b) Wer ist am kleinsten?

c) Welche Größe gibt es am häufigsten?

d) Wie viele Kinder sind zwischen 1 m 20 cm und 1 m 30 cm groß?

**5** Sortiere der Größe nach.

| a) | b) | c) |
|---|---|---|
| 1 m 81 cm | 1 m 42 cm | 1 m 17 cm |
| 1 m 13 cm | 1 m 20 cm | 1 m 98 cm |
| 1 m 25 cm | 1 m 65 cm | 1 m 89 cm |
| 1 m 32 cm | 1 m 37 cm | 1 m 53 cm |
| 1 m 90 cm | 1 m 71 cm | 1 m 46 cm |

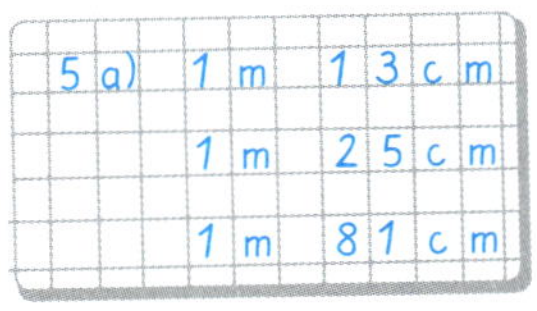


**6** Schreibe Rechnung und Antwort.

a) Lara ist 1 m 28 cm groß.
Vor 3 Jahren war sie 12 cm kleiner.
Wie groß war sie?

b) Jonas ist 17 cm gewachsen.
Vor 4 Jahren war er 1m 11 cm groß.
Wie groß ist er jetzt?

# Messen, zeichnen, rechnen

**1** Wie lang sind die Strecken? Miss und sortiere.

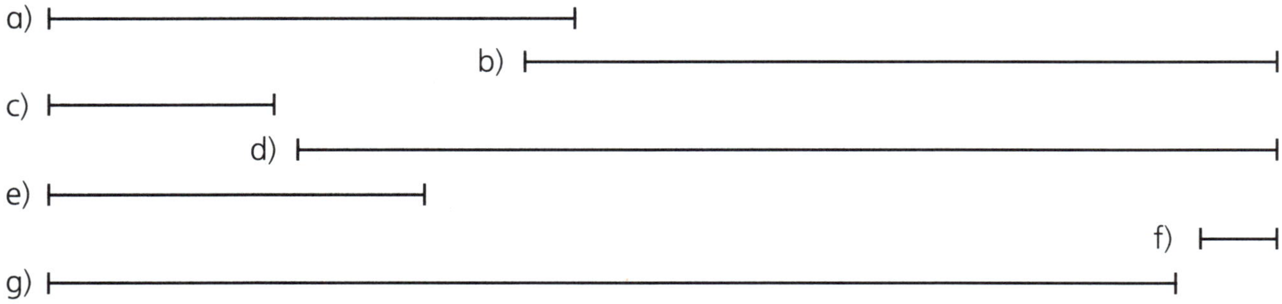


**2** Zeichne mit dem Lineal die Strecken in dein Heft.

a) 2 cm b) 6 cm c) 12 cm
d) 14 cm e) 10 cm f) 20 cm

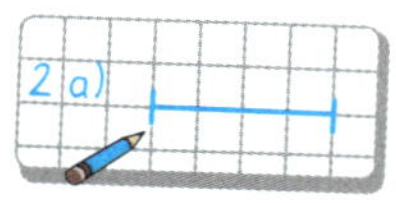


**3** Miss und rechne.

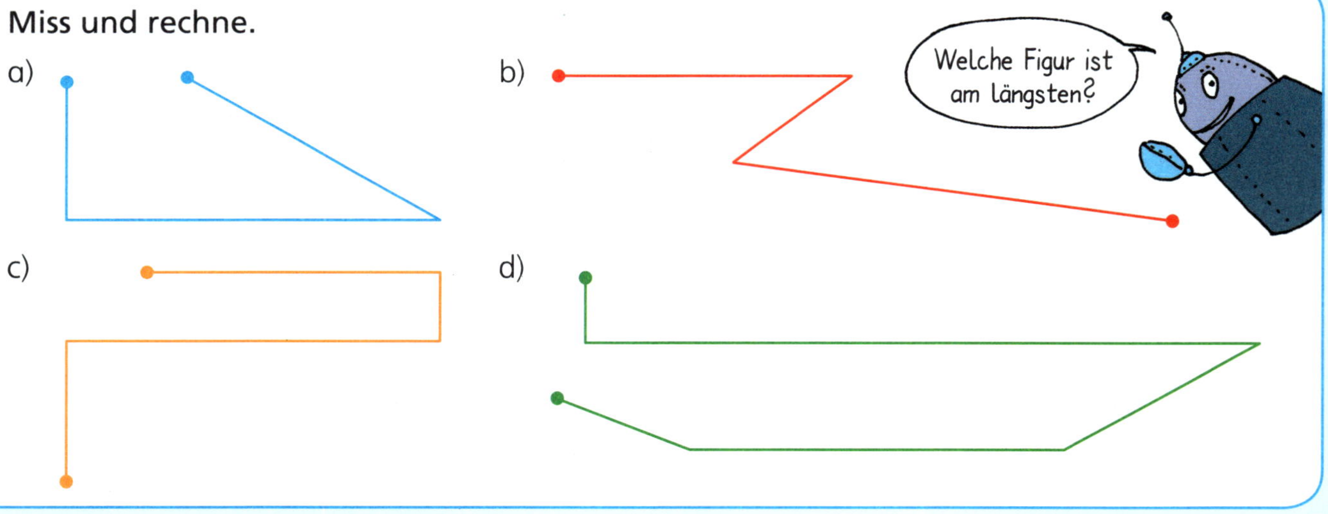


**4** Zeichne mit dem Lineal zusammengesetzte Strecken und rechne.

a) 7 cm + 2 cm + 4 cm b) 1 cm + 2 cm + 3 cm + 6 cm
c) 5 cm + 1 cm + 7 cm + 2 cm d) 9 cm + 4 cm + 8 cm + 2 cm

5 Welcher Weg ist am kürzesten? Schätze zuerst und miss dann.

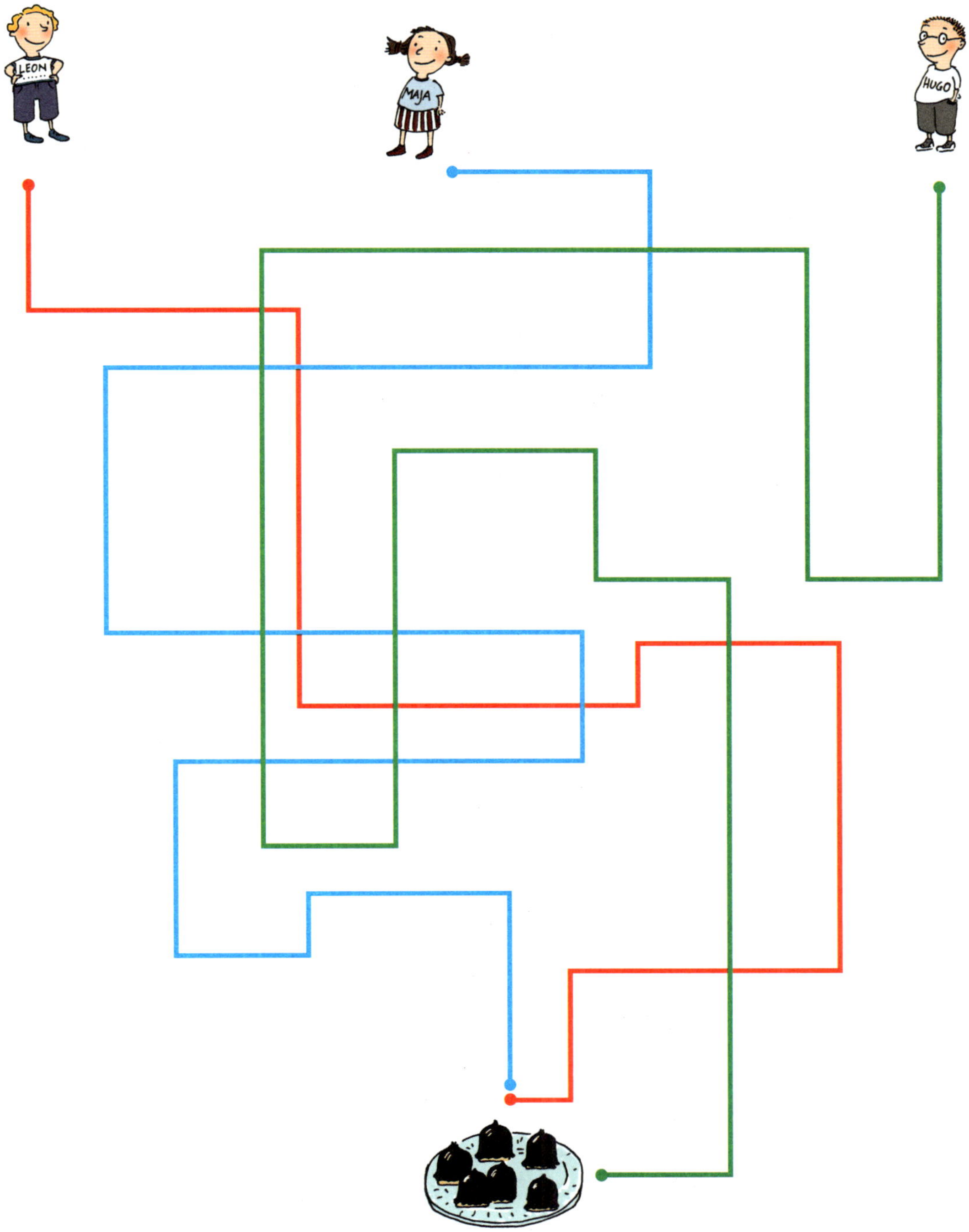


Finde Antworten.

a) Ich teile einen Meter in 4 gleich lange Stücke auf. Wie lang ist jedes Teil?

b) Von einem 1 m langen Stab werden ein 13 cm langes Stück und ein 24 cm langes Stück abgesägt. Wie viel bleibt übrig?

# Multiplizieren

4 mal 3 = 12

4 · 3 = 12

**1** Schreibe zu jedem Bild eine Plus- und eine Malaufgabe.

1 a) 4 + 4 + 4 + 4 + 4 + 4 = 24
6 · 4 = 24

a)

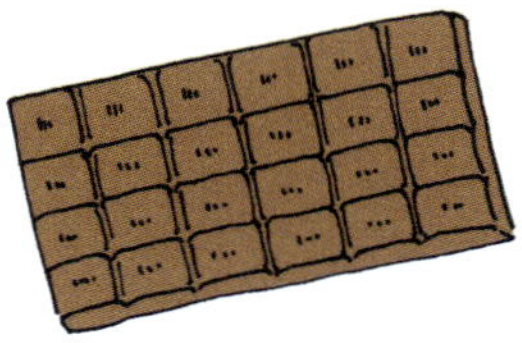

b)

c)

d)

e)

f)

g)

h)

i)

j)

k)

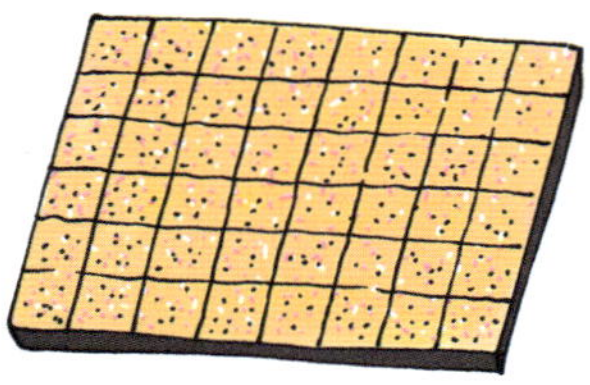

l)

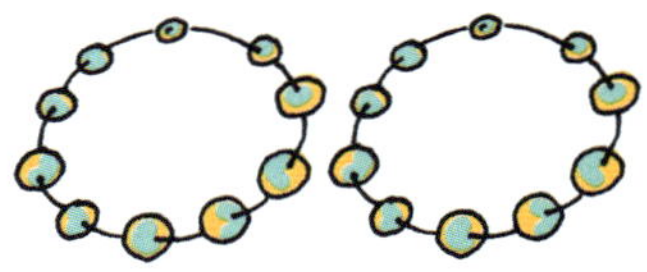

 Multiplikationsaufgaben als verkürzte Additionsaufgaben erkennen. Additions- und Multiplikationsaufgaben schreiben.

**2** Schreibe eine passende Plus- und Malaufgabe.

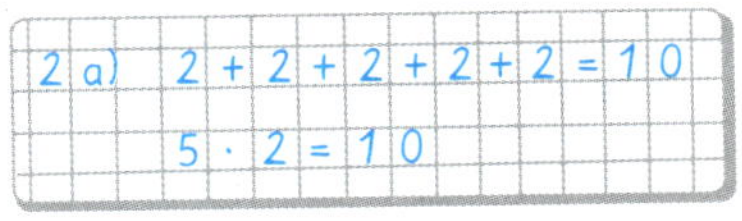


a) 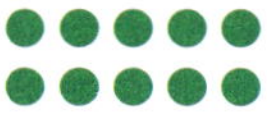

b) 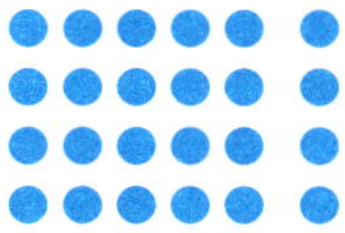

c) 

d) 

e) 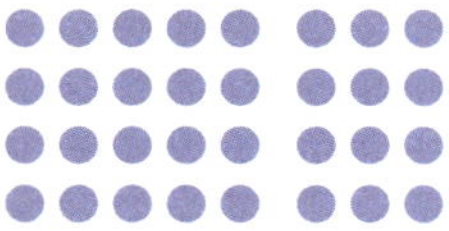

f) 

g) 

h) 

**3** Zeichne Punktefelder und rechne.

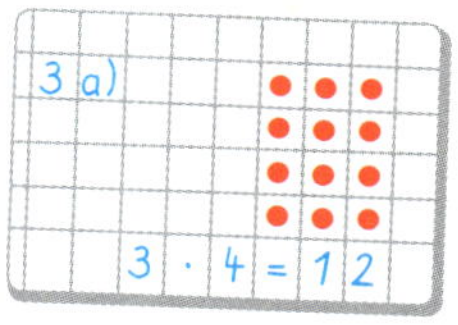


a) 3 · 4 b) 6 · 5 c) 4 · 7 d) 2 · 8

e) 7 · 2 f) 10 · 3 g) 1 · 9 h) 4 · 9

**4** Welche Malaufgabe passt?

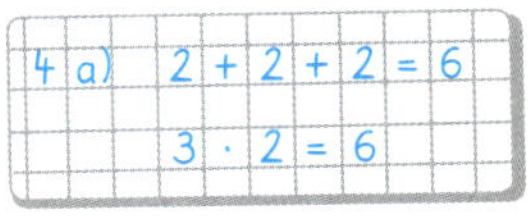


a) 2 + 2 + 2 b) 4 + 4 + 4 + 4 + 4 c) 7 + 7 + 7 + 7 + 7 + 7

d) 5 + 5 e) 3 + 3 + 3 + 3 f) 8 + 8

g) 10 + 10 + 10 + 10 + 10 h) 9

Lege mit Steckwürfeln und schreibe die Malaufgaben.

a) Lege mit 12 Steckwürfeln.

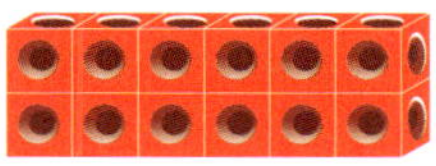

b) Lege mit 6 Steckwürfeln.

c) Lege mit 10 Steckwürfeln.

d) Lege mit 24 Steckwürfeln.

Denke dir eigene Malaufgaben aus.

# 31 Tauschaufgaben

**1** Schreibe passende Malaufgaben und Tauschaufgaben.

a) 

b) 

c) 

d) 

**2** Schreibe die passenden Malaufgaben und bilde Tauschaufgaben.

a) 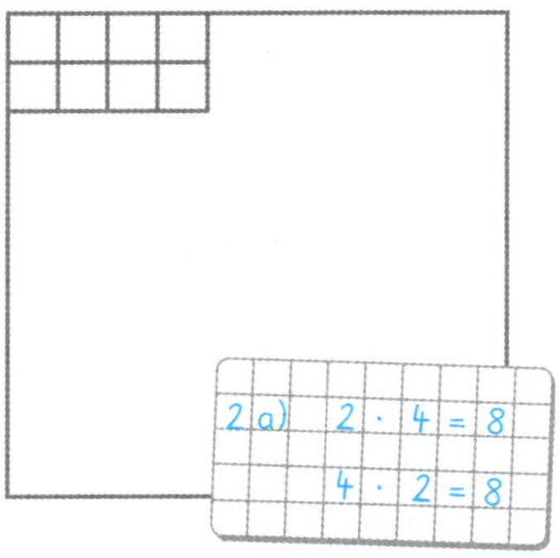


b) 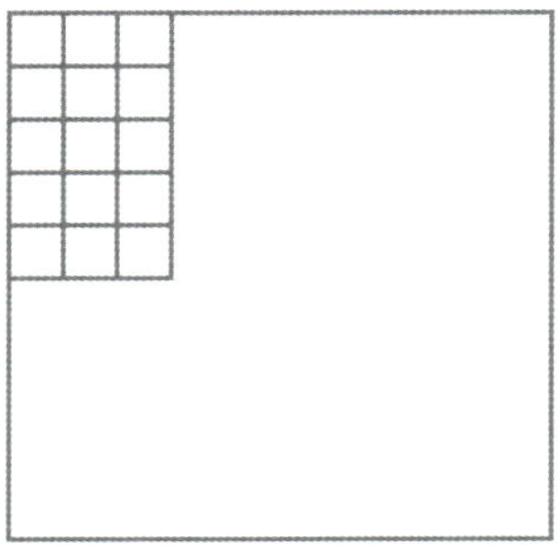

c) 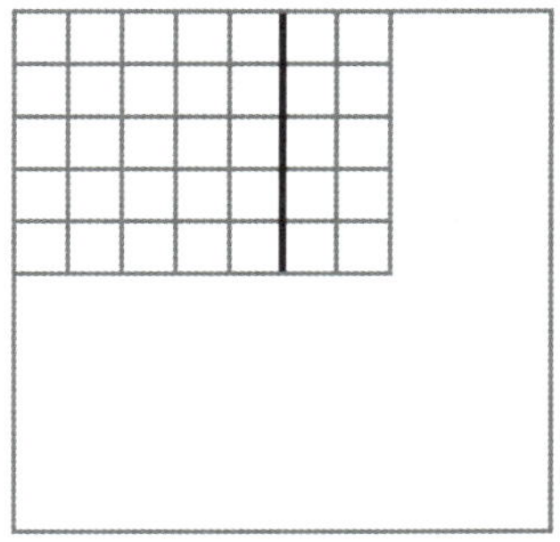

d) 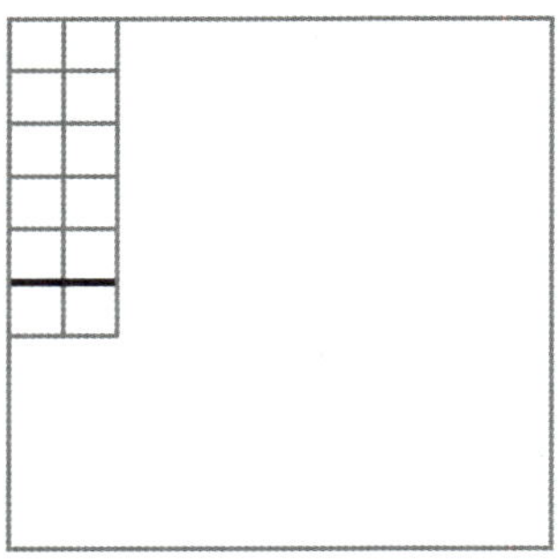

e) 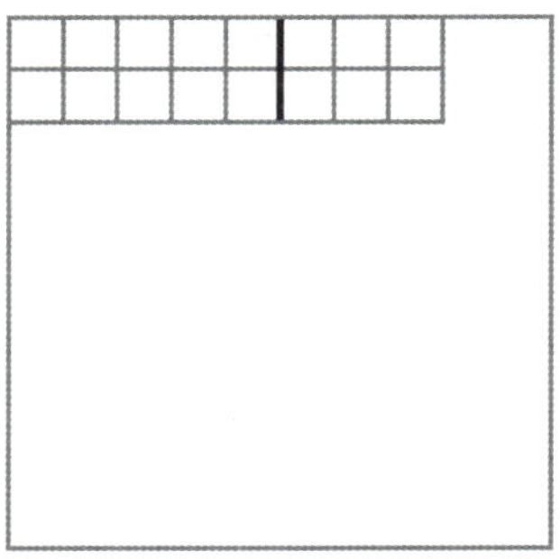

f) 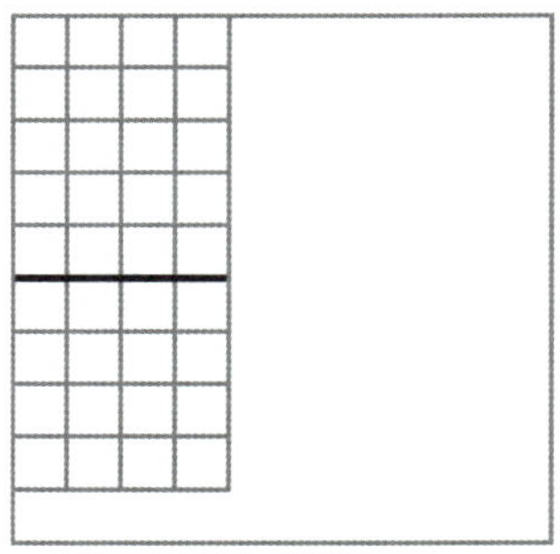

g) 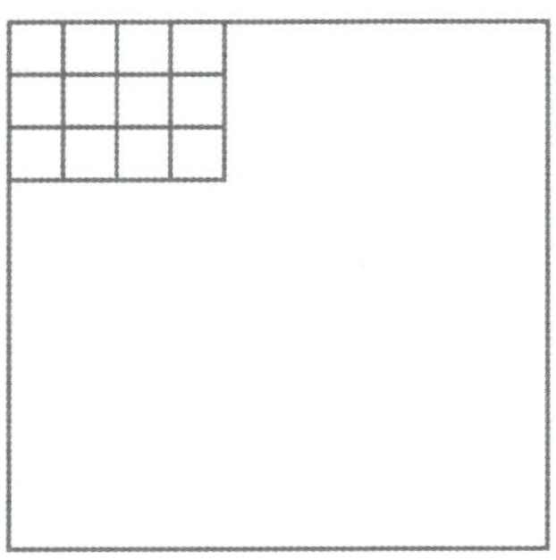

h) 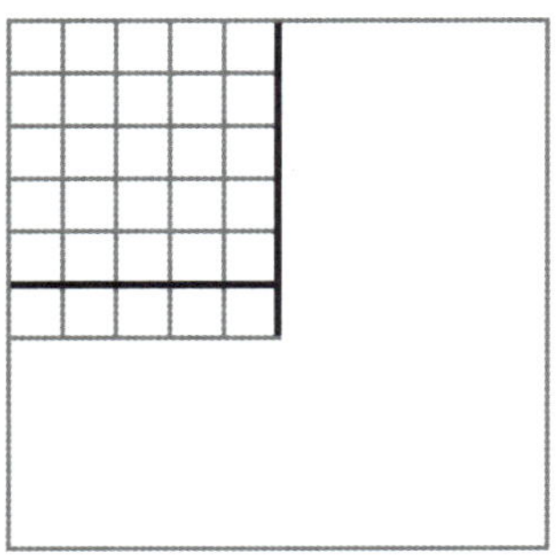

i) 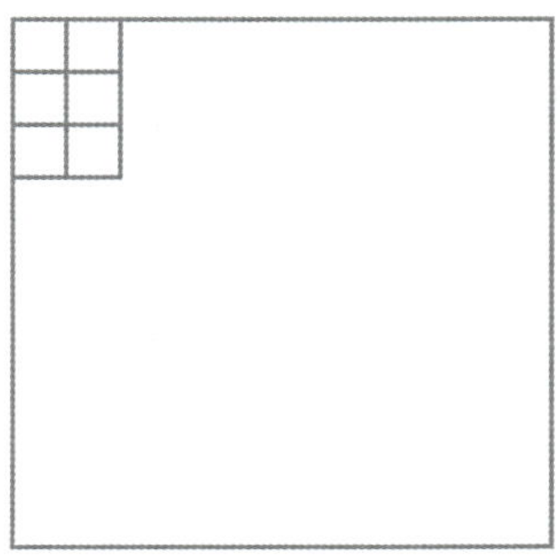

**3** Lege am Hunderterfeld.

a) 3 · 1  b) 6 · 5  c) 4 · 7  d) 9 · 3  e) 8 · 2

f) 7 · 2  g) 5 · 8  h) 2 · 9  i) 4 · 4  j) 10 · 3

**4** Bilde Malaufgabe, Tauschaufgabe und rechne.

a) 

b) 

c) 

d) 

e) 

f) 

g) 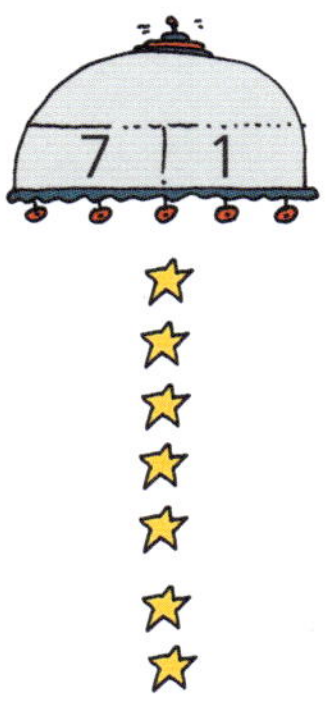


h) 

**5** Zeichne Sterne und rechne.

a) 

b) 

c) 

d) 

e) 

f) 

g) 

h) 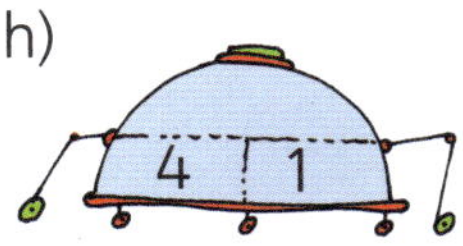

# Das Einmaleins mit 10 und 5

## 1 Wie viele Eier sind es?

a) 

1 a) 2 · 10 = 20

b) 

c) 

d) 

## 2 Schreibe die passenden Malaufgaben.

a) 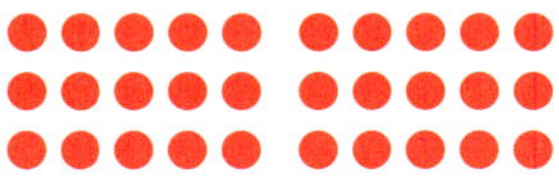

b) 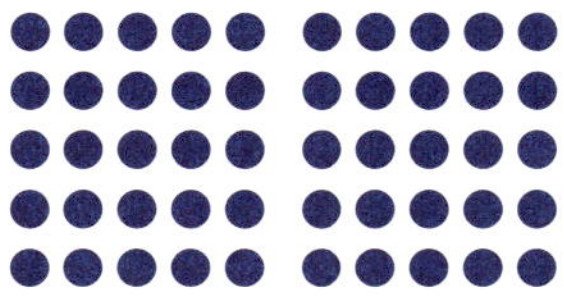

c) 

d) 

e) 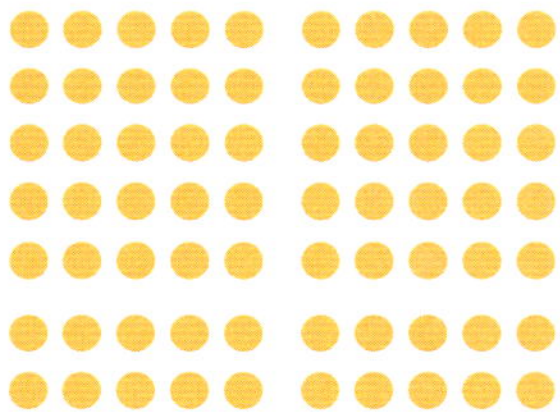

f) 

## 3 Rechne und ergänze.

| a) | b) | c) | d) |
|---|---|---|---|
| 3 · 10 = ☐ | 2 · 10 = ☐ | ☐ · 10 = 40 | ☐ · 10 = 20 |
| 7 · 10 = ☐ | 8 · 10 = ☐ | ☐ · 10 = 70 | ☐ · 10 = 50 |
| 4 · 10 = ☐ | 10 · 10 = ☐ | ☐ · 10 = 90 | ☐ · 10 = 100 |
| 1 · 10 = ☐ | 6 · 10 = ☐ | ☐ · 10 = 30 | ☐ · 10 = 10 |
| 5 · 10 = ☐ | 9 · 10 = ☐ | ☐ · 10 = 60 | ☐ · 10 = 60 |

## 4 Welche Zahlen sind Zehnerzahlen? Schreibe sie der Größe nach in dein Heft.

63 25 40 72 80 100 91 30 46 70 3

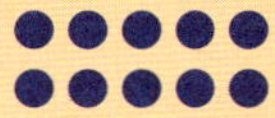

**5** Wie viele Finger sind es? Schreibe Malaufgaben.

a) 

b) 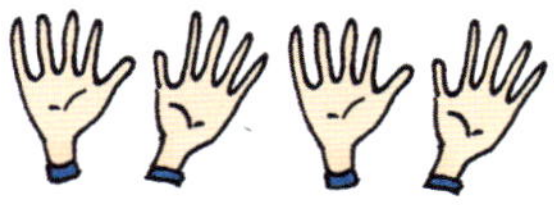

c) 

d) 

e) 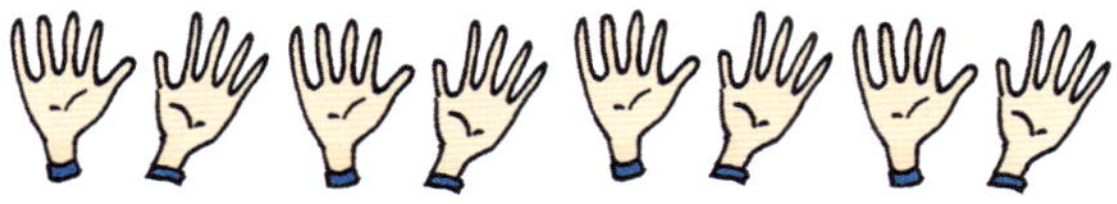

f) 

**6** Schreibe die passende Malaufgabe ins Heft.

a) 

b) 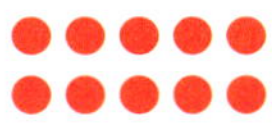

c) 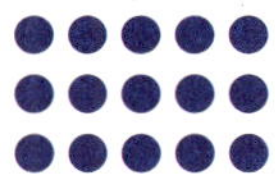

d) 

**7** Rechne.

| a) | b) | c) | d) |
|---|---|---|---|
| 1 · 5 = | 6 · 5 = | 1 · 10 = | 7 · 5 = |
| 2 · 5 = | 7 · 5 = | 2 · 5 = | 6 · 5 = |
| 3 · 5 = | 5 · 8 = | 2 · 10 = | 3 · 10 = |
| 5 · 4 = | 9 · 5 = | 4 · 5 = | 9 · 5 = |
| 5 · 5 = | 5 · 10 = | 8 · 5 = | 3 · 5 = |

**8** Ergänze.

| a) | b) |
|---|---|
| · 5 = 5 | · 5 = 45 |
| · 5 = 20 | · 5 = 15 |
| · 5 = 35 | · 5 = 25 |
| · 5 = 50 | · 5 = 10 |

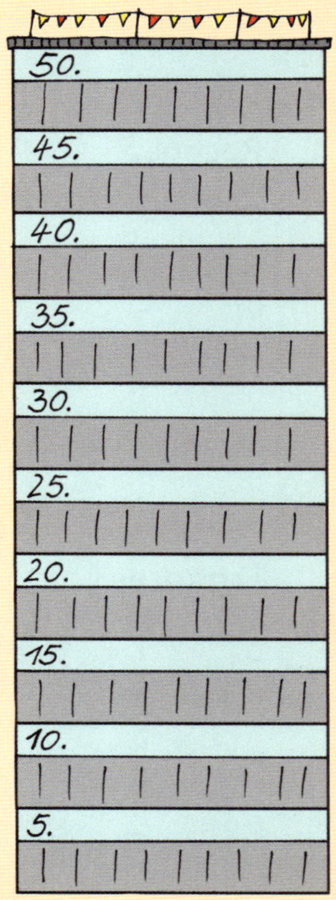


Das Einmaleins mit 5 einführen.

# Das Einmaleins mit 0,1 und 2

**1** Wie viele Kinder sind es? Schreibe Malaufgaben.

a) 

b) 

c) 

**2** Schreibe die passenden Malaufgaben.

a) 

b) 

c) 

d) 

e) 

**3** Rechne.

| a) | b) | c) | d) |
|---|---|---|---|
| 4 · 2 = ☐ | 6 · 2 = ☐ | 5 · 2 = ☐ | 2 · 1 = ☐ |
| 10 · 2 = ☐ | 1 · 2 = ☐ | 0 · 1 = ☐ | 7 · 1 = ☐ |
| 2 · 2 = ☐ | 3 · 2 = ☐ | 7 · 2 = ☐ | 8 · 0 = ☐ |
| 8 · 2 = ☐ | 9 · 2 = ☐ | 3 · 1 = ☐ | 9 · 1 = ☐ |
| 2 · 5 = ☐ | 0 · 2 = ☐ | 5 · 1 = ☐ | 0 · 0 = ☐ |

**4** Ergänze.

| a) | b) | c) | d) |
|---|---|---|---|
| ☐ · 2 = 6 | ☐ · 2 = 16 | 2 · ☐ = 14 | 5 · ☐ = 25 |
| ☐ · 2 = 8 | ☐ · 2 = 10 | 4 · ☐ = 8 | 7 · ☐ = 14 |
| ☐ · 2 = 4 | ☐ · 2 = 8 | 9 · ☐ = 18 | 10 · ☐ = 50 |
| ☐ · 2 = 20 | ☐ · 2 = 18 | 10 · ☐ = 30 | 1 · ☐ = 1 |

**5** Löse die Rechenmaschinen in deinem Heft.

a)

b)

c)

d)

**6** Kannst du auch diese Einmaleinsaufgaben lösen?

a)

b)

c)

d)

**7** Rechne und schreibe in dein Heft.

a)

| · | 3 | 0 | 5 | 2 |
|---|---|---|---|---|
| 10 | | | | |
| 5 | | | | |

b)

| · | 4 | 7 | 2 | 8 |
|---|---|---|---|---|
| 0 | | | | |
| 10 | | | | |

c)

| · | 5 | 0 | 10 | 2 |
|---|---|---|---|---|
| 8 | | | | |
| 6 | | | | |

**8** Übertrage in dein Heft und ergänze.

a)

| · | | 5 | 7 | 3 |
|---|---|---|---|---|
| | | 0 | | |
| | 40 | | 70 | |

b)

| · | 5 | | 8 | 2 |
|---|---|---|---|---|
| 3 | | 30 | | |
| | | | 0 | |

c)

| · | | | 6 | 4 |
|---|---|---|---|---|
| 5 | 40 | | | |
| | 8 | 2 | | |

# Quadratzahlen

**1** Schreibe die passenden Malaufgaben.

a) 

b) 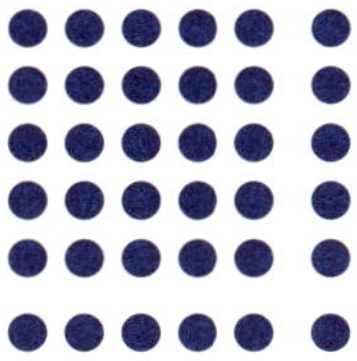

c) 

d) 

e) 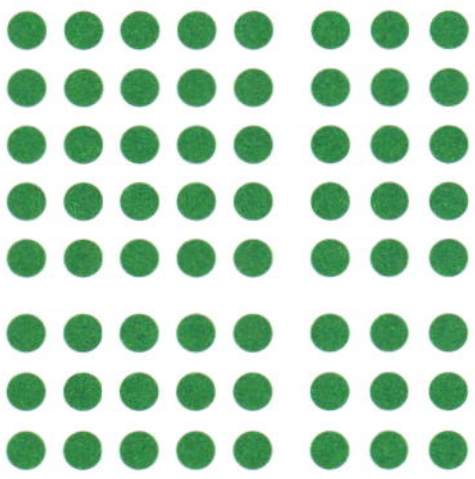

f) 

g) 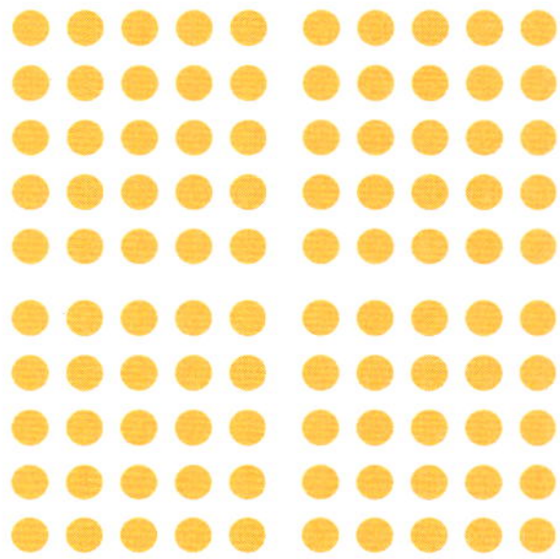

**2** Zeichne Punktefelder zu den Quadratzahlen und rechne.

a) 4 · 4  b) 7 · 7  c) 9 · 9  d) 3 · 3

e) 1 · 1  f) 5 · 5  g) 6 · 6  h) 8 · 8

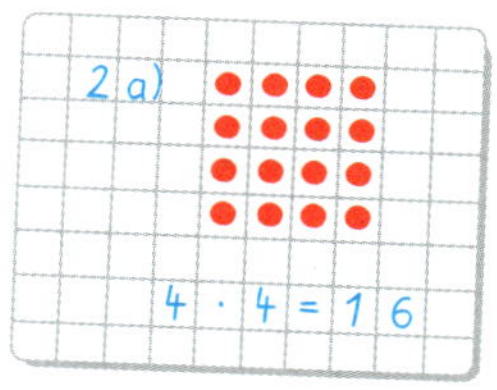


**3** Welche Zahlen sind Quadratzahlen? Schreibe die Malaufgaben dazu.

a) 18  b) 49  c) 36  d) 9  e) 1

f) 16  g) 45

h) 25  i) 4  j) 30  k) 64  l) 81

 Quadratzahlen als Ergebnis gleicher Faktoren erkennen.

## 4 Welche Dominosteine ergeben Quadratzahlen? Wähle aus und rechne.

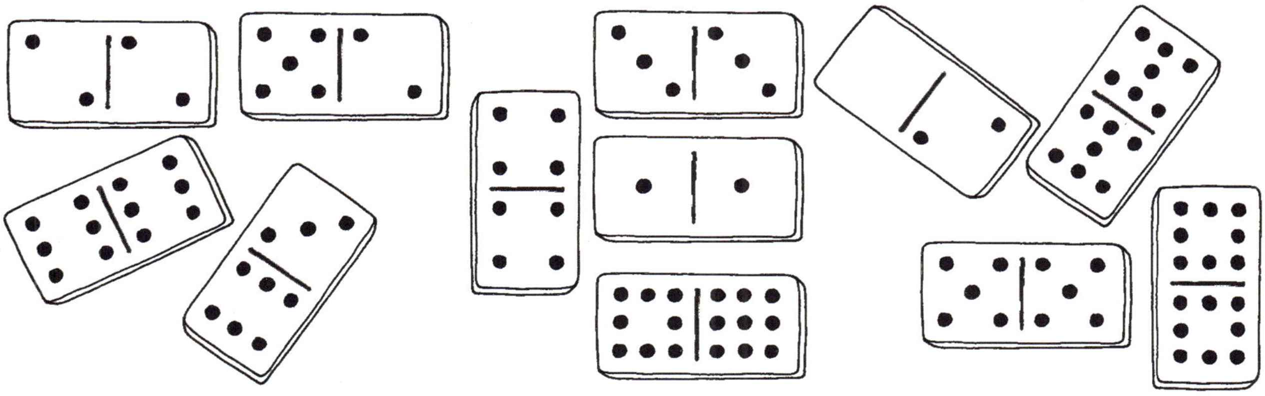

## 5 Wo verstecken sich Quadratzahlen? Rechne.

a)

b)

c)

## 6 Wo findest du Quadrataufgaben?

6 a) 2 · 2 = 4

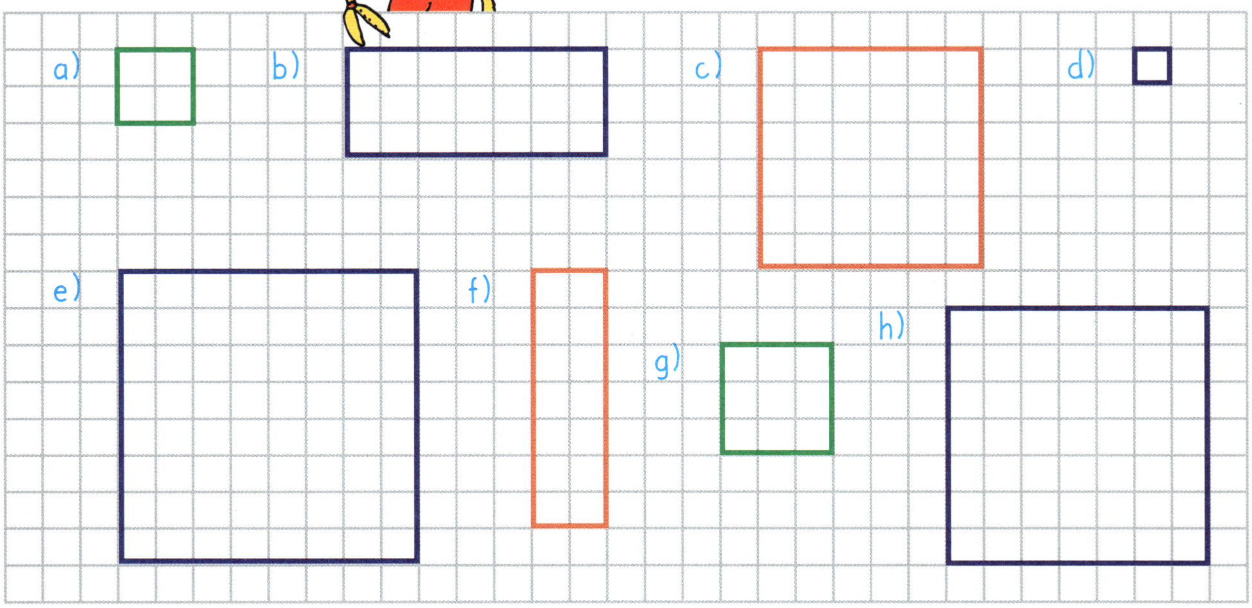

# 35 Sternaufgaben

**1** Schreibe die Reihen in dein Heft.

a) 1er - Reihe (1 a) 1, 2, 3, 4, ) b) 2er - Reihe c) 5er - Reihe d) 10er - Reihe

**2** Finde Zahlen der 2er-, 5er- und 10er Reihe. (2) 2er Reihe: 8, 10, )

19 8 13 35 12 10 20 49 15 18 3 45

**3** Warum sind diese Aufgaben besonders leicht? Begründe.

**4** Finde Sternaufgaben, schreibe sie auf und löse sie. (4) 1 · 6 = 6)

7 · 8 4 · 4 2 · 3 6 · 3 10 · 8 5 · 4 1 · 6 9 · 5 2 · 2 6 · 4 7 · 6 6 · 10

Schreibe eigene Sternaufgaben für ein anderes Kind.

Alle Aufgaben der Einmaleinsreihen mit 1, 2, 5 und 10 und Aufgaben mit Quadratzahlen als Sternaufgaben thematisieren.

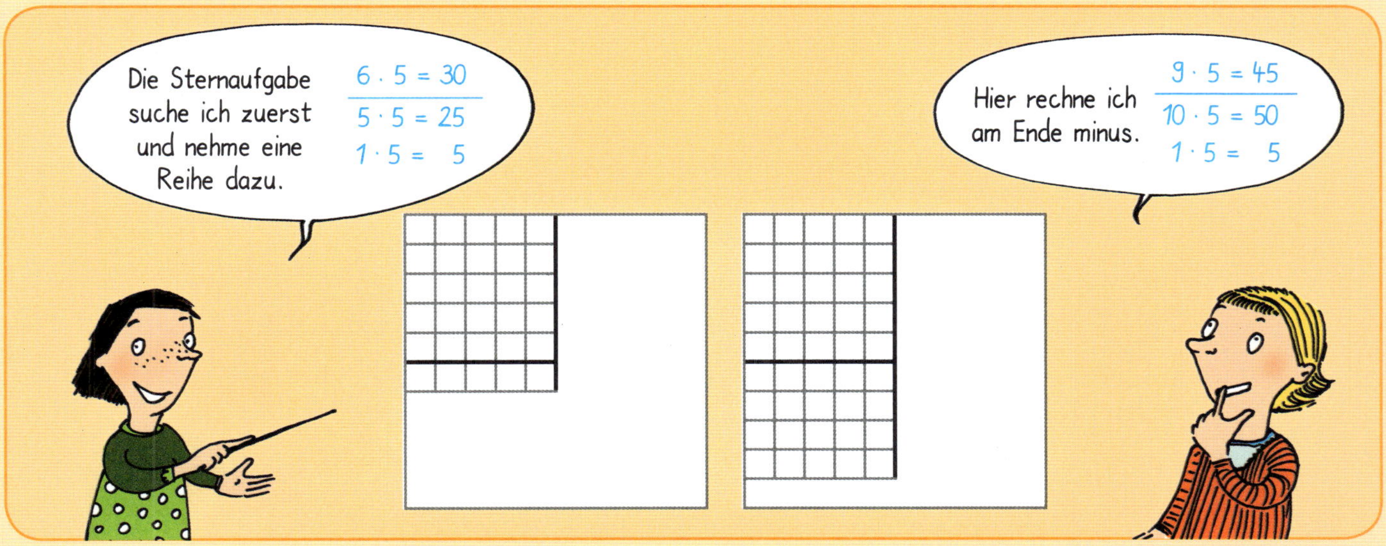


**5** Welche Sternaufgabe kann dir helfen?

5 a) 4 · 3 =
3 · 3 =
1 · 3 =

a) 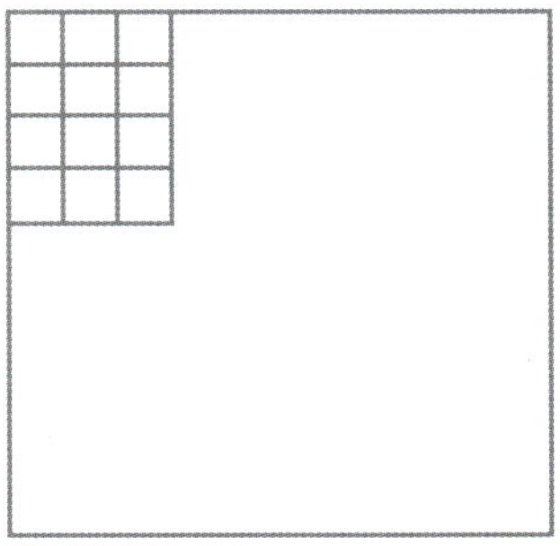

b) 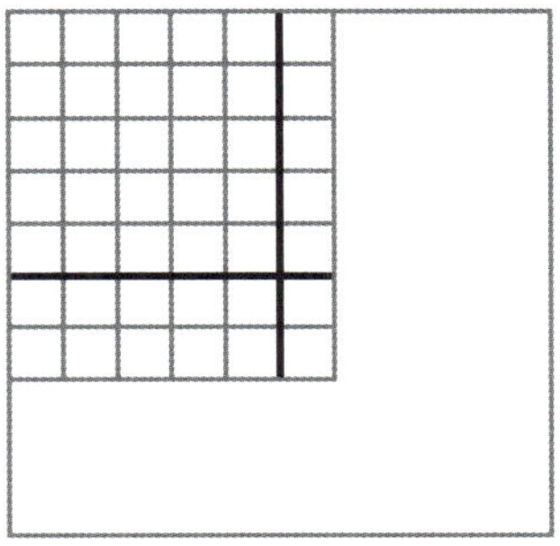

c) 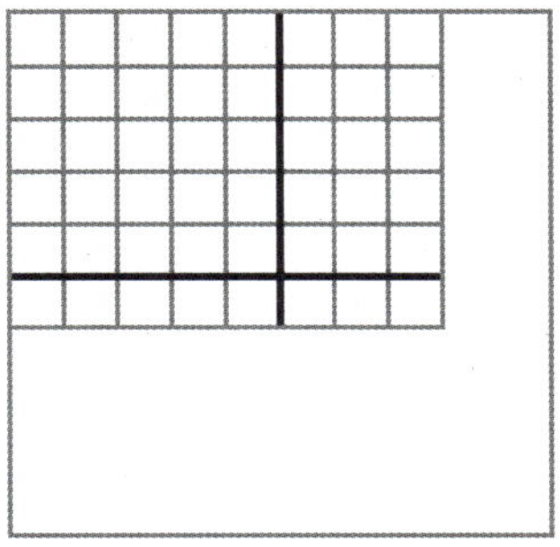

**6** Löse mit Hilfe der Sternaufgaben.

a) 5 · 5 = ☐
6 · 5 = ☐

b) 8 · 8 = ☐
9 · 8 = ☐

c) 2 · 8 = ☐
3 · 8 = ☐

d) 5 · 7 = ☐
6 · 7 = ☐

e) 5 · 4 = ☐
6 · 4 = ☐

f) 8 · 8 = ☐
9 · 8 = ☐

g) 4 · 6 = ☐
5 · 6 = ☐

h) 5 · 5 = ☐
4 · 5 = ☐

i) 10 · 4 = ☐
9 · 4 = ☐

j) 10 · 6 = ☐
9 · 6 = ☐

k) 5 · 8 = ☐
7 · 8 = ☐

l) 5 · 9 = ☐
7 · 9 = ☐

m) 4 · 8 = ☐
5 · 8 = ☐

n) 10 · 7 = ☐
8 · 7 = ☐

o) 10 · 6 = ☐
8 · 6 = ☐

**7** Suche die passenden Nachbaraufgaben.

7) 4 · 6 = 24
5 · 6 = 30

5 · 6 | 7 · 8 | 5 · 9 | 4 · 6 | 6 · 7

4 · 9 | 5 · 7 | 9 · 4 | 8 · 8 | 10 · 4

Wem gehört welches Tier?

1. Tinas Tier miaut.
2. Anitas Haustier kann fliegen.
3. Leos Haustier ist kleiner als Tinas.

| | Vogel | Fisch | Katze |
|---|---|---|---|
| Tina | – | – | X |
| Anita | X | – | – |
| Leo | – | X | – |

**1** Zeichne die Tabelle ins Heft und löse das Rätsel.

a)

1. Daniel ist nicht im Wasser.
2. Jonas braucht einen Pinsel.
3. Mia macht keinen Sport.
4. Lara spielt nicht Klavier.

| | Schwimmen | Fußball | Malen | Klavier spielen |
|---|---|---|---|---|
| Daniel | | | | |
| Jonas | | | | |
| Mia | | | | |
| Lara | | | | |

b)

Aufstehen in den Ferien

| | 6 Uhr | 7 Uhr | 8 Uhr | 9 Uhr |
|---|---|---|---|---|
| Leo | | | | |
| Pia | | | | |
| Tim | | | | |
| Lilli | | | | |

Schreibe eigene Rätsel.

**2** Setze die Zahlen ein und achte auf die Summe.

a) Verwende die Zahlen 1 bis 5.

b) Verwende die Zahlen 1 bis 6.

c) Verwende die Zahlen 1 bis 8.

d) Verwende die Zahlen 1 bis 10.

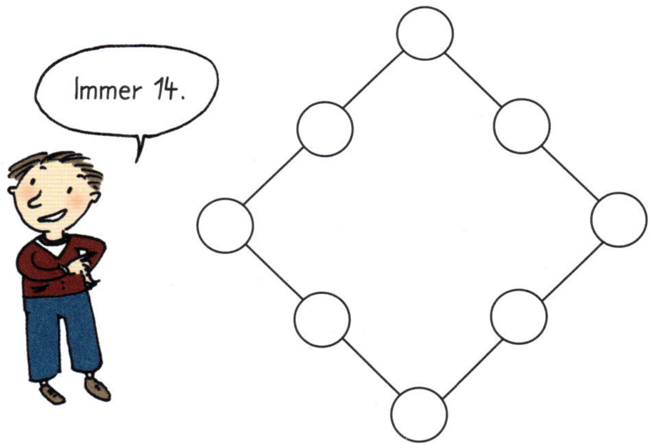


Findest du verschiedene Möglichkeiten? Verwende die Zahlen 1 bis 12.

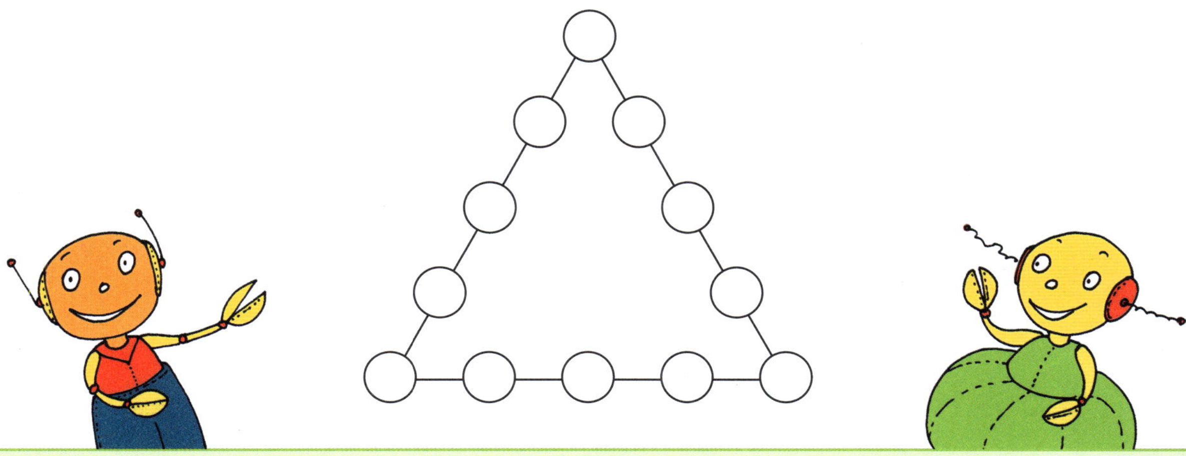

Die Summe jeder Seite ist gleichgroß und entspricht der angegebenen Zahl.

## 1 Berechne die Geldbeträge.

a) b) c)

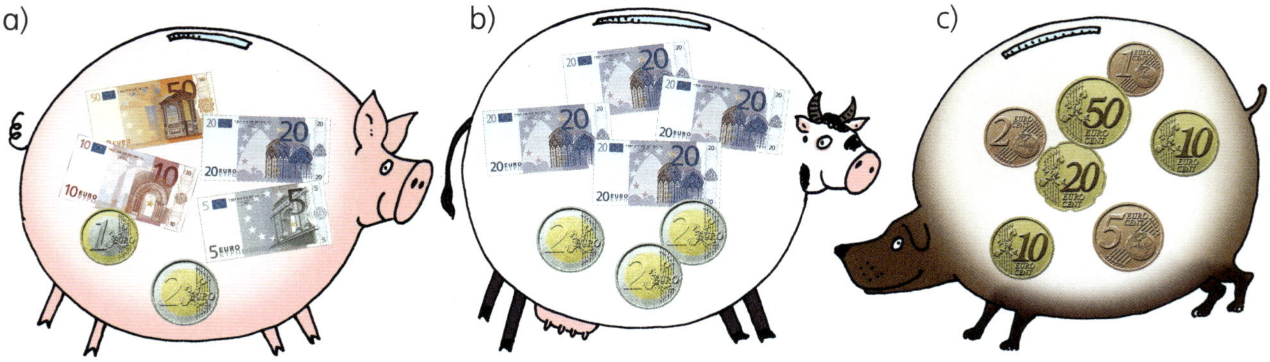

## 2 Berechne das Rückgeld.

a)

b)

## 3 Finde Frage, Rechnung und Antwort.

a)

b)

## 4 Miss und ordne der Größe nach.

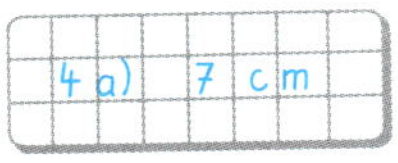


a)

b)

c)

d)

e)

f)

g)

**5** Zeichne die Strecken in dein Heft.

a) 1 cm  b) 15 cm  c) 7cm  d) 13 cm  e) 4 cm

**6** Miss nach und rechne die gesamte Länge aus.

a)  b)

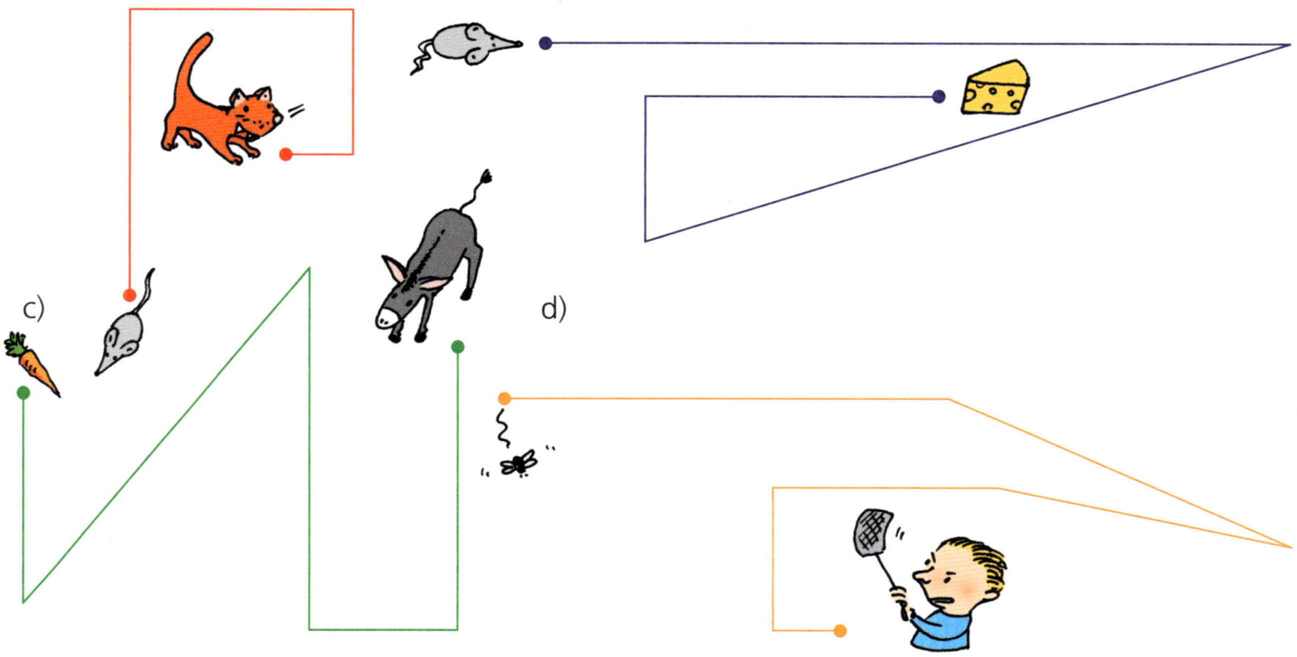


**7** Schreibe die passenden Malaufgaben.

a) 

b) 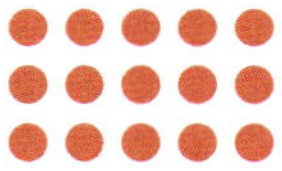

c) 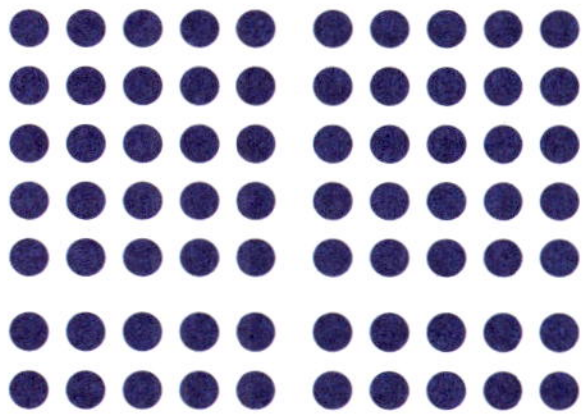

d) 

**8** Zeichne Punktefelder.

a) 4 · 2  b) 5 · 5  c) 7 · 10  d) 8 · 1  e) 6 · 6

**9** Bilde Tauschaufgaben und rechne.

| a) | b) | c) | d) |
|---|---|---|---|
| 4 · 10 = | 10 · 1 = | 7 · 2 = | 8 · 2 = |
| 5 · 2 = | 5 · 5 = | 8 · 10 = | 3 · 1 = |
| 7 · 5 = | 3 · 2 = | 4 · 5 = | 6 · 5 = |

# Das Einmaleins mit 4 und 8

**1** Wie viele Beine sind es?

a) 

b) 

c) 

d) 

**2** Schreibe die passenden Malaufgaben.

a) 

b) 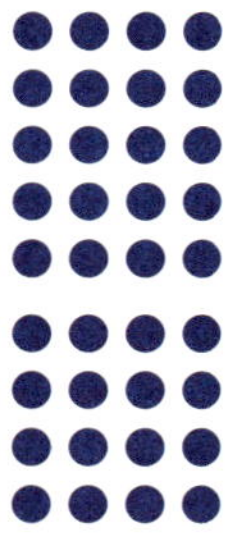

c) 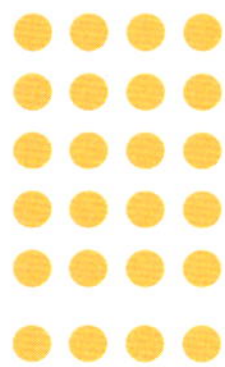

d) 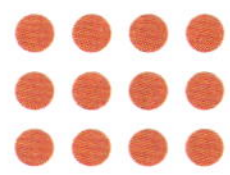

**3** Schreibe Punktefelder zu den Aufgaben und rechne.

a) $4 \cdot 4 =$ ☐
$8 \cdot 4 =$ ☐

b) $2 \cdot 4 =$ ☐
$5 \cdot 4 =$ ☐

c) $7 \cdot 4 =$ ☐
$10 \cdot 4 =$ ☐

**4** Ergänze.

a) $5 \cdot$ ☐ $= 20$
$3 \cdot$ ☐ $= 12$
$4 \cdot$ ☐ $= 4$
$2 \cdot$ ☐ $= 8$

b) ☐ $\cdot\, 4 = 40$
☐ $\cdot\, 4 = 36$
☐ $\cdot\, 4 = 16$
☐ $\cdot\, 4 = 24$

c) ☐ $\cdot\, 4 = 32$
☐ $\cdot\, 4 = 20$
☐ $\cdot\, 4 = 28$
☐ $\cdot\, 4 = 4$

**5** Schreibe Frage, Rechnung und Antwort.

a) In der Küche stehen 2 Teller. Auf jedem Teller liegen 4 Tomaten.

b) 3 Kinder gehen in die Bücherei, jedes leiht sich 4 Bücher aus.

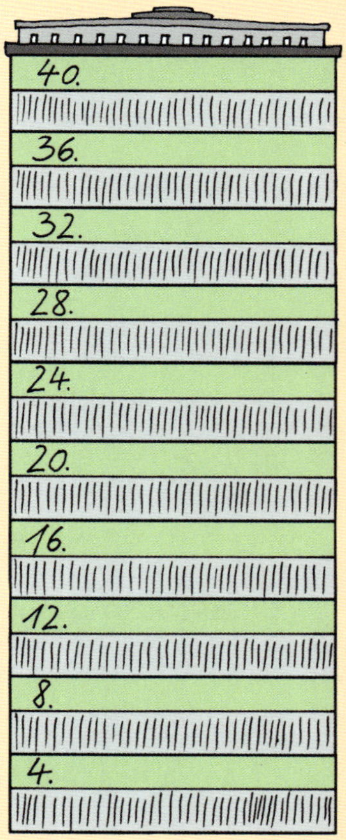

6 Schreibe die passenden Malaufgaben.

a) 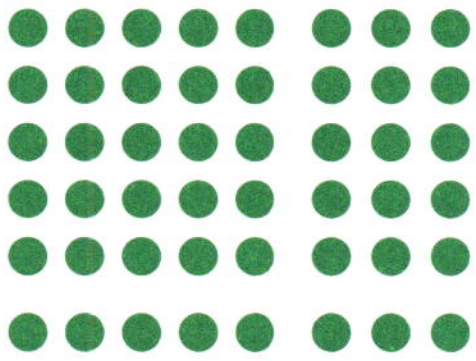
b) 
c) 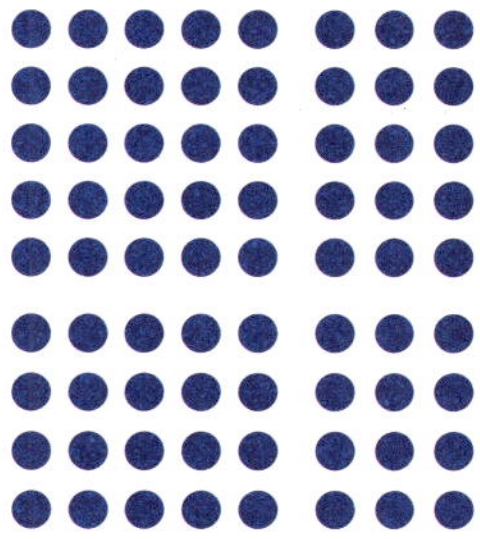

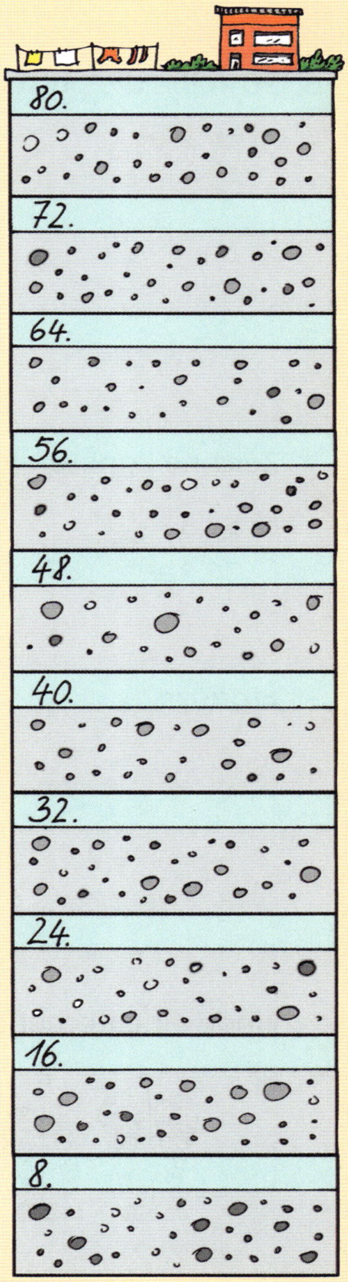


7 Rechne.

| a) | b) | c) | d) |
|---|---|---|---|
| $4 \cdot 8 =$ | $6 \cdot 8 =$ | $4 \cdot 2 =$ | $4 \cdot 4 =$ |
| $3 \cdot 2 =$ | $2 \cdot 9 =$ | $8 \cdot 8 =$ | $9 \cdot 4 =$ |
| $8 \cdot 4 =$ | $5 \cdot 4 =$ | $5 \cdot 8 =$ | $7 \cdot 8 =$ |
| $5 \cdot 2 =$ | $10 \cdot 8 =$ | $2 \cdot 2 =$ | $8 \cdot 2 =$ |

Finde die Regel und ergänze 5 Zahlen.

a) 2, 4, 6
b) 3, 6, 9, 12
c) 4, 8, 9, 13, 14, 18
d) 1, 3, 6, 8, 11, 13

8 Rechne und ergänze. Schreibe in dein Heft.

a) 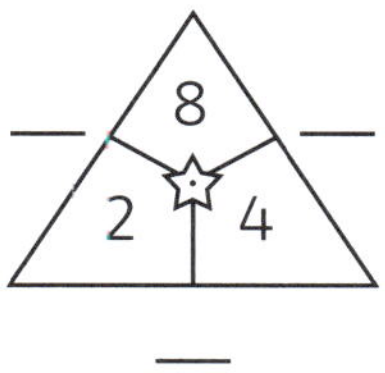


b) 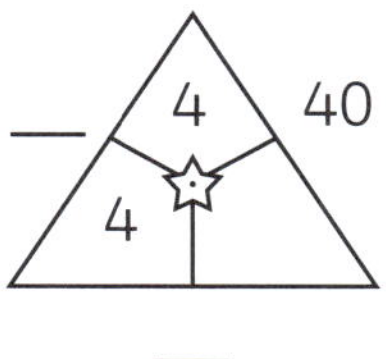


c) 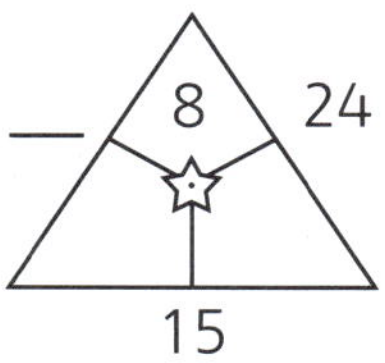


d) 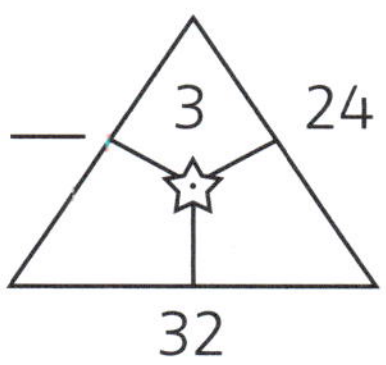


e) 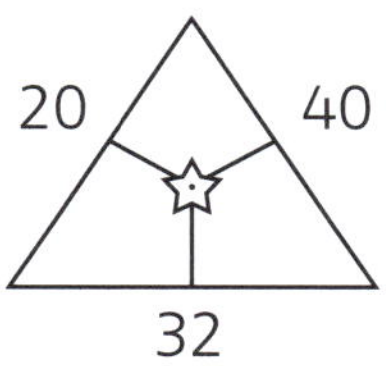


f) 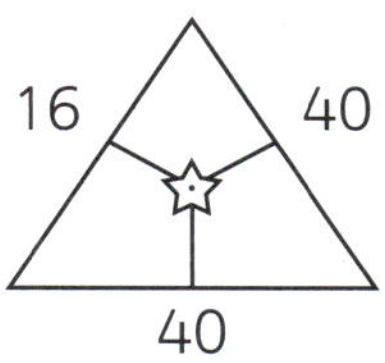

# Das Einmaleins mit 3 und 6

**1** Wie viele Blätter sind es?

a)  b)  c)  d) 

**2** Schreibe die passenden Malaufgaben.

a)  b)  c) 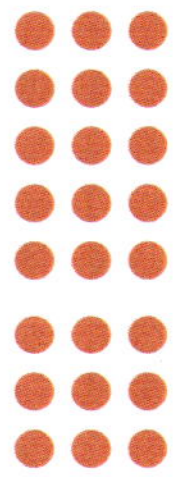 d)  e) 

**3** Zeichne Punktefelder und rechne.

a) 5 · 3 = ___
7 · 3 = ___

b) 2 · 3 = ___
6 · 3 = ___

c) 3 · 3 = ___
10 · 3 = ___

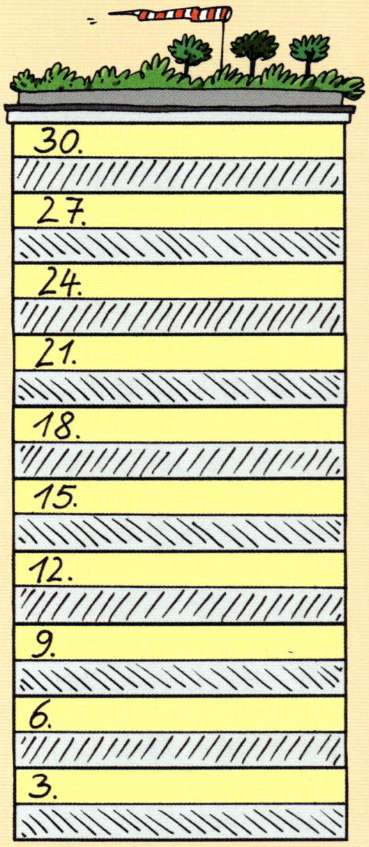


**4** Ergänze.

a) ___ · 3 = 21
3 · ___ = 6
___ · 3 = 24
3 · ___ = 9

b) ___ · 4 = 12
6 · ___ = 18
___ · 3 = 27
5 · ___ = 15

c) 10 · ___ = 30
___ · 3 = 15
3 · ___ = 3
___ · 3 = 0

**5** Finde eine Rechengeschichte.

a) 

b) 

**6** Schreibe die passenden Malaufgaben.

a) 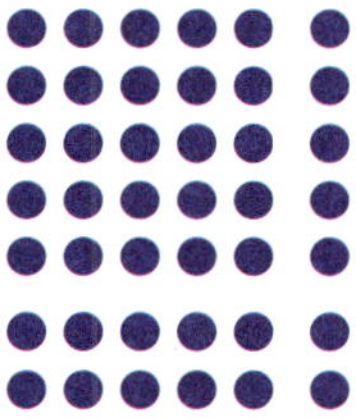

b) 

c) 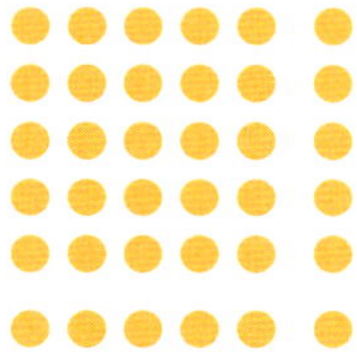

d) 

**7** Schreibe passende Malaufgaben.

a) 48 b) 30

c) 56 d) 24

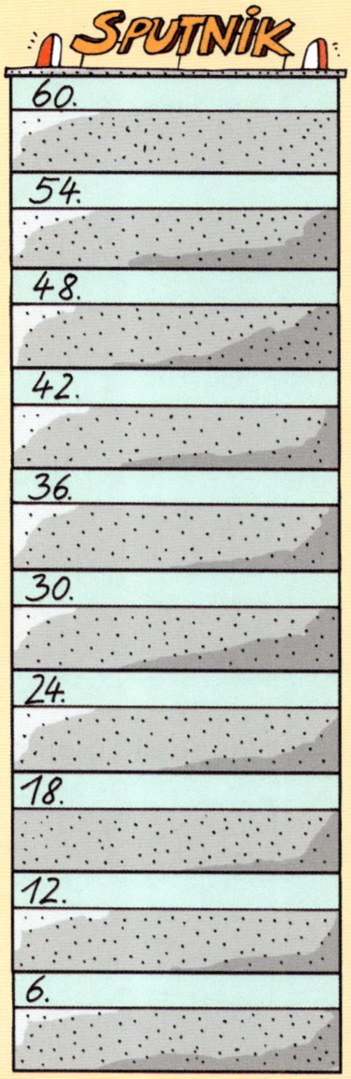


**8** Rechne.

a) 3 · 6 = 
6 · 6 = 
3 · 3 = 

b) 9 · 3 = 
7 · 6 = 
4 · 6 = 

c) 8 · 3 = 
6 · 4 = 
3 · 7 = 

d) 5 · 6 = 
6 · 3 = 
3 · 5 = 

Lege zwei Münzen so um, dass die Figur auf dem Kopf steht.

# Das Einmaleins mit 9

**1** Multipliziere zuerst mit 10.

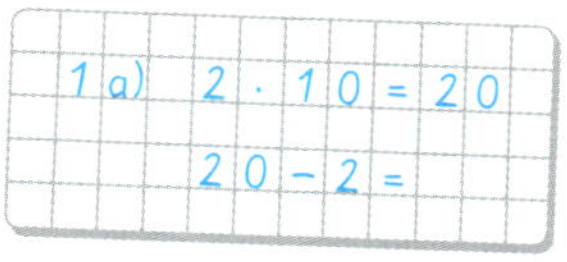


a) 

$2 \cdot 9 =$ ☐

b) 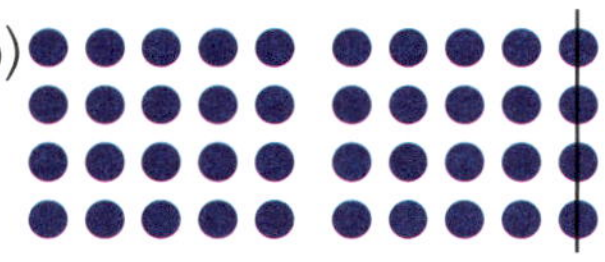

$4 \cdot 9 =$ ☐

c) 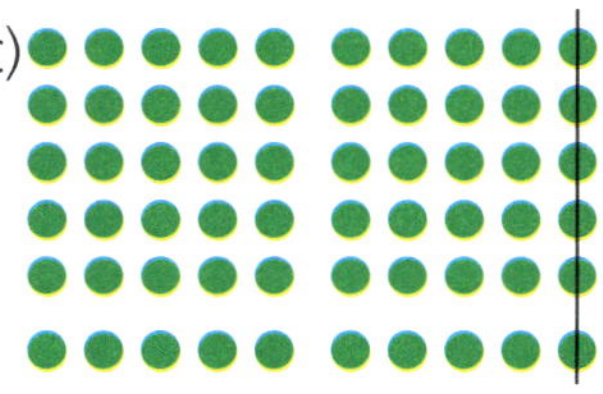

$6 \cdot 9 =$ ☐

d) 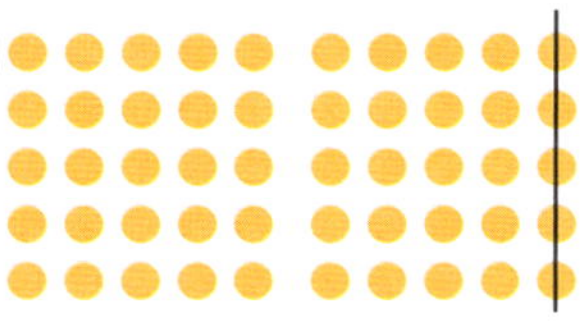

$5 \cdot 9 =$ ☐

e) 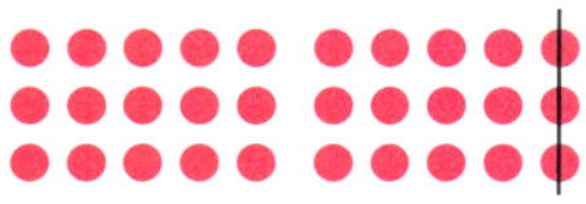

$3 \cdot 9 =$ ☐

f) 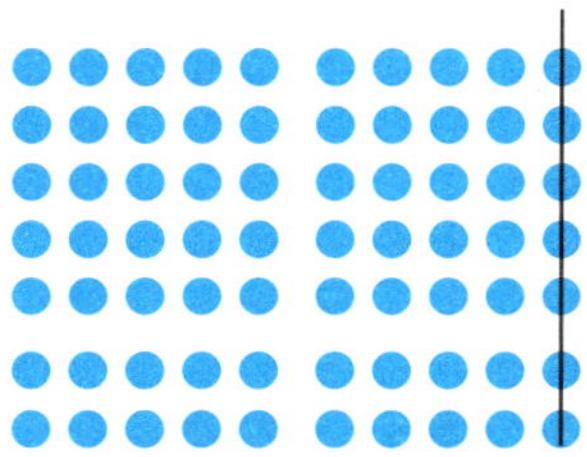

$7 \cdot 9 =$ ☐

**2** Rechne.

| a) | b) | c) | d) |
|---|---|---|---|
| $4 \cdot 9 =$ ☐ | $9 \cdot 5 =$ ☐ | ☐ $\cdot\ 9 = 63$ | $9 \cdot$ ☐ $= 9$ |
| $6 \cdot 9 =$ ☐ | $9 \cdot 8 =$ ☐ | $9 \cdot$ ☐ $= 90$ | $9 \cdot$ ☐ $= 72$ |
| $1 \cdot 9 =$ ☐ | $10 \cdot 9 =$ ☐ | $9 \cdot$ ☐ $= 36$ | ☐ $\cdot\ 9 = 18$ |
| $9 \cdot 3 =$ ☐ | $7 \cdot 9 =$ ☐ | ☐ $\cdot\ 9 = 27$ | ☐ $\cdot\ 9 = 81$ |

**3** Was passt zusammen?

$4 \cdot 9 =$ | $7 \cdot 9 =$ | $3 \cdot 9 =$ | 63 | $1 \cdot 9 =$ | 9 | 45 | $5 \cdot 9 =$ | 36 | 27

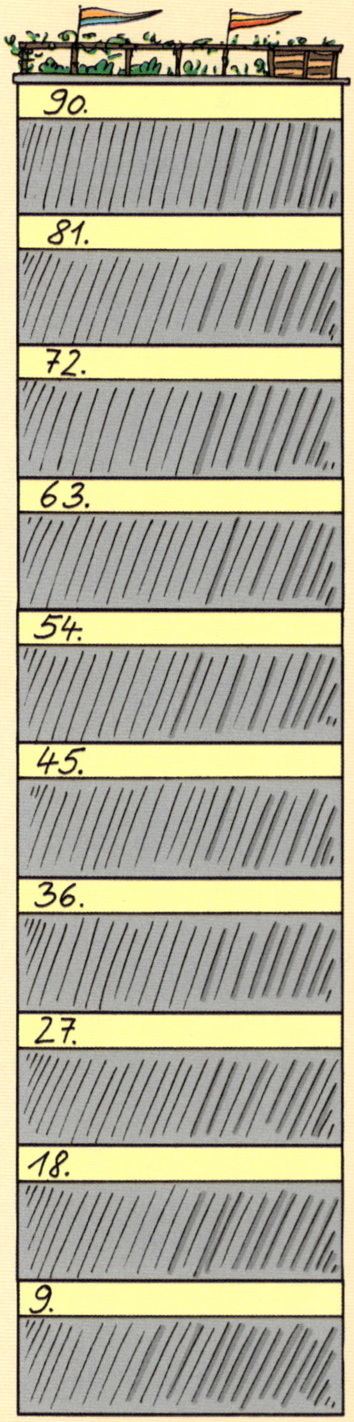


 Das Einmaleins mit 9 einführen. Fingertrick kennen lernen.

## 4 Rechne.

a)

b)

c)

d)

## 5 Finde die passenden Zahlen und schreibe in dein Heft.

a) Zahlen der 3er-Reihe.

5 a) 3, 6,

b) Zahlen der 6er-Reihe.

c) Zahlen der 9er-Reihe.

d) Zahlen, die nicht in die 3er-, 6er- oder 9er-Reihe gehören.

## 6 Ergänze das Rechenzeichen.

6 a) 3 + 4 = 7

a) 3 ◯ 4 = 7
5 ◯ 3 = 15
7 ◯ 3 = 10
5 ◯ 2 = 10

b) 6 ◯ 5 = 30
3 ◯ 8 = 24
7 ◯ 3 = 21
7 ◯ 7 = 14

c) 7 ◯ 9 = 63
9 ◯ 4 = 13
8 ◯ 9 = 72
10 ◯ 8 = 2

d) 3 ◯ 9 = 12
3 ◯ 9 = 27
6 ◯ 9 = 54
8 ◯ 8 = 0

## 7 Rechne.

a) ☐ · 7 = 63
3 · ☐ = 24
4 · ☐ = 24

b) 8 · ☐ = 72
6 · ☐ = 36
☐ · 3 = 27

c) ☐ · 5 = 30
8 · ☐ = 48
3 · ☐ = 30

d) 9 · ☐ = 36
☐ · 7 = 21
6 · ☐ = 54

# Das Einmaleins mit 7

**1** Schreibe die Malaufgabe und rechne.

a) 

1 a) 1 · 7 =

b) 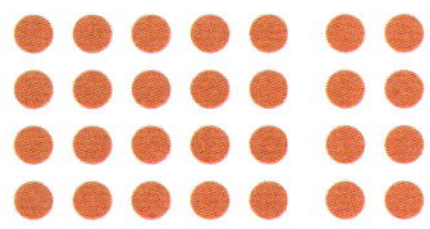

c) 

d) 

**2** Zeichne die Punktefelder und rechne.

a) 6 · 7 b) 9 · 7 c) 7 · 4 d) 7 · 8 e) 5 · 7

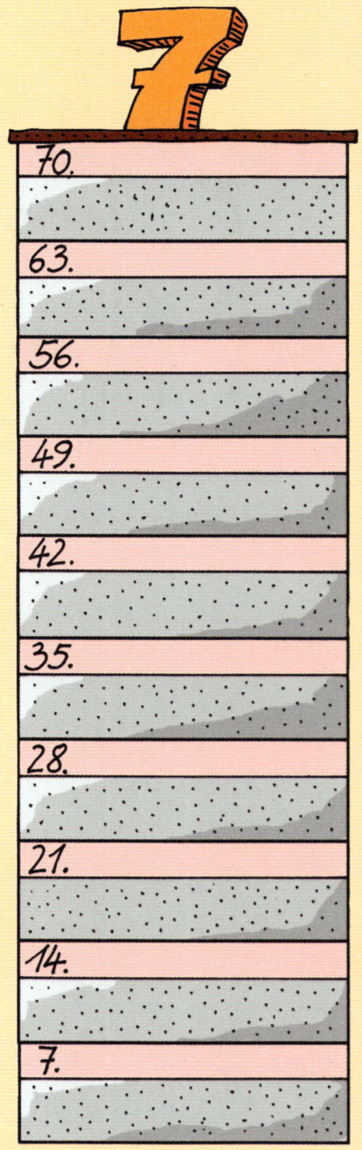


**3** Suche zuerst die Sternaufgabe.

a) 4 · 7 = ☐
5 · 7 = ☐

3 a) 4 · 7 =
5 · 7 =
1 · 7 =

b) 7 · 7 = ☐
8 · 7 = ☐

c) 2 · 7 = ☐
3 · 7 = ☐

**4** Löse mit Hilfe von Sternaufgaben.

a) 6 · 7 = ☐ b) 9 · 7 = ☐ c) 4 · 7 = ☐ d) 8 · 7 = ☐

**5** Rechne.

| a) | b) | c) | d) |
|---|---|---|---|
| 3 · 7 = ☐ | 7 · 2 = ☐ | 7 · 0 = ☐ | 1 · 7 = ☐ |
| 9 · 7 = ☐ | 5 · 7 = ☐ | 6 · 7 = ☐ | 7 · 9 = ☐ |
| 7 · 4 = ☐ | 7 · 8 = ☐ | 10 · 7 = ☐ | 8 · 7 = ☐ |

**6** Schreibe eine passende Malaufgabe.

a) 14 6 a) 2 · 7 = 14

b) 56 c) 63 d) 2 e) 49

**7** Wie viele Tage sind es insgesamt?

a) 2 Wochen   7 a) 2 · 7 =   b) 6 Wochen   c) 4 Wochen   d) 7 Wochen

**8** Wie viele Wochen sind es?

a) 21 Tage   b) 63 Tage   c) 35 Tage   d) 70 Tage   e) 42 Tage

Was gehört zusammen? Erkennst du das Lösungswort?   T) 1. M

1. 41 Tage sind

4. 14 Tage

2. 3 Wochen sind

3. 7 Wochen sind

5. 5 Wochen und 3 Tage

A mehr als 18 Tage.

M weniger als 6 Wochen.

T 49 Tage.

E sind mehr als 35 Tage.

H sind 2 Wochen.

Bilde eigene Sätze und lass ein anderes Kind kontrollieren.

# Das Einmaleins üben

**1** Wie viele Raumschiffe kannst du ergänzen? Schreibe auf.

1 a) 59, 45, 20, 0

a) 59 | 45
b) 95 | 
c) 58 | 
d) 54 | 
e) 47 | 
f) 82 | 

**2** Welche Zahl fehlt im ersten Raumschiff?

a) 88 | 64
b) | 63
c) | 27
d) | 18
e) | 81
f) | 36

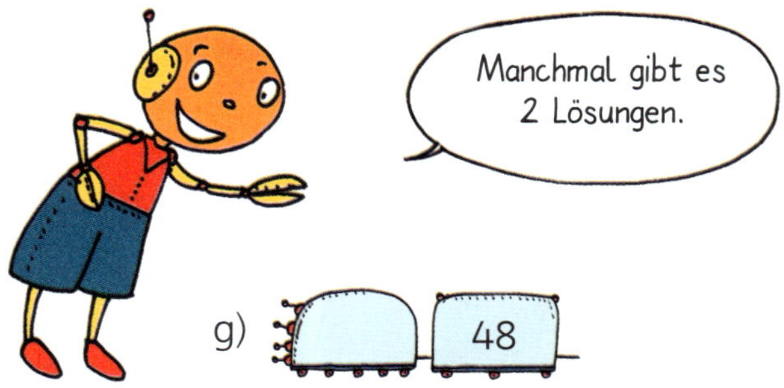


g) | 48

**3** Ergänze die Zahlenzüge. Einige Raumschiffe bleiben leer.

a) x | 47 | 28 | 16 | 6
b) | | 18 | |
c) | | 63 | |
d) | | 48 | |

Finde Raumschiffe mit der kleinsten Zahl.

a) mit 2 Wagen
b) mit 3 Wagen
c) mit 4 Wagen



Die 2 Ziffern im Wagen werden multipliziert und ergeben die Zahl für den nächsten Wagen.

## 4 Finde passende Dominosteine.

a) 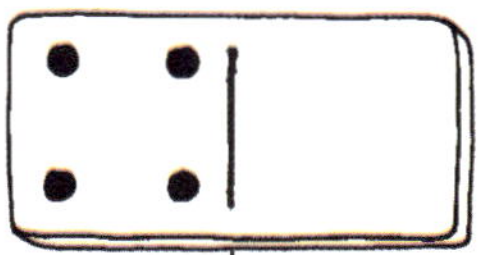

28

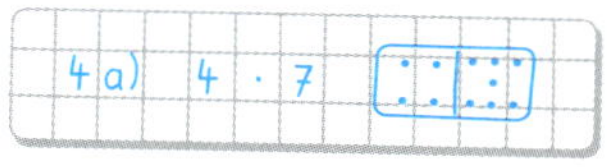


b) 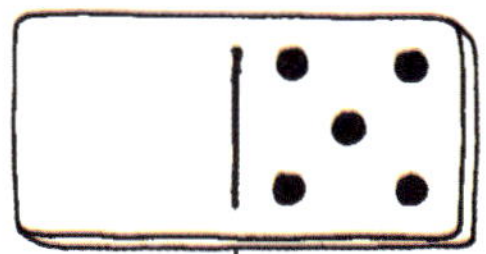

45

c) 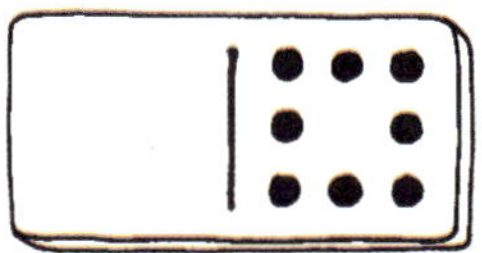

64

d) 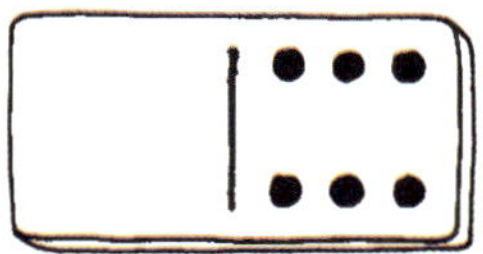

42

e) 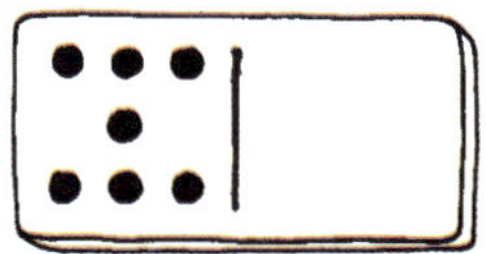

21

## Finde alle passenden Dominosteine.

a) 16 

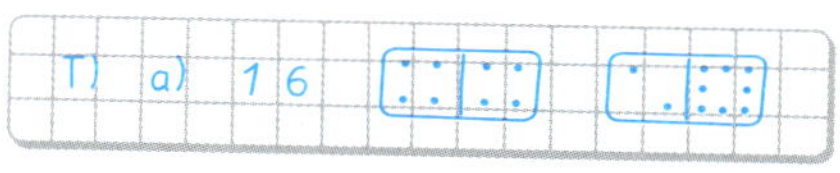

b) 12 

c) 40 

d) 24 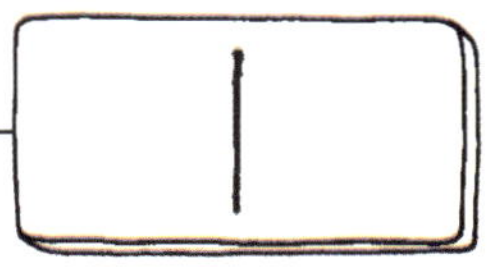

e) 36 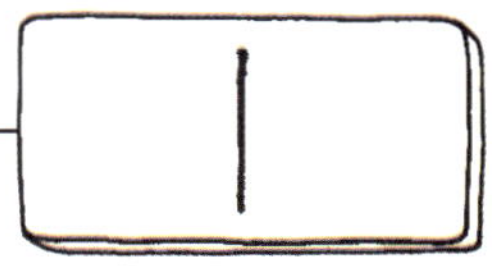

f) 30 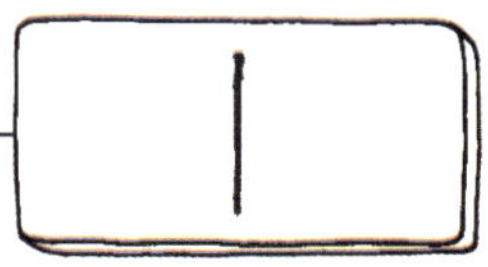

g) 18 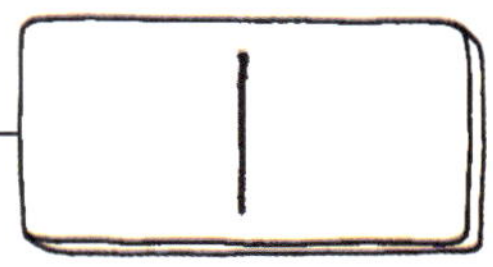

h) 20 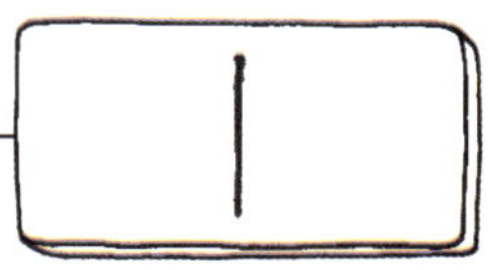

i) 56 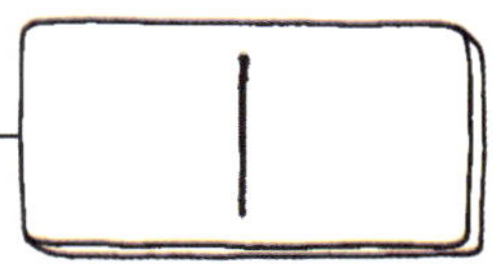

# Mit Sternaufgaben rechnen

**1** Finde eine passende Sternaufgabe zu den Zahlen.

1 a) 10 = 2 · 5

10 25 30 6 45 49 36 40

**2** Löse zuerst die Sternaufgaben.

a) 4 · 8 = ☐
5 · 8 = ☐
6 · 8 = ☐

b) 4 · 9 = ☐
5 · 9 = ☐
6 · 9 = ☐

c) 8 · 9 = ☐
9 · 9 = ☐
10 · 9 = ☐

d) 1 · 8 = ☐
2 · 8 = ☐
3 · 8 = ☐

**3** Löse zuerst die Sternaufgaben und bilde die Nachbaraufgaben.

a) ☐ · ☐ = ☐
6 · 6 = ☐
☐ · ☐ = ☐

3 a) 5 · 6 = 30
6 · 6 = 36
7 · 6 =

b) ☐ · ☐ = ☐
2 · 7 = ☐
☐ · ☐ = ☐

c) ☐ · ☐ = ☐
9 · 5 = ☐
☐ · ☐ = ☐

**4** Rechne mit den Sternaufgaben.

a) 5 · 4 = ☐
4 · 4 = ☐

b) 2 · 4 = ☐
3 · 4 = ☐

c) 5 · 4 = ☐
7 · 4 = ☐

d) 10 · 4 = ☐
8 · 4 = ☐

e) 10 · 4 = ☐
9 · 4 = ☐

f) 5 · 6 = ☐
4 · 6 = ☐

g) 5 · 6 = ☐
7 · 6 = ☐

h) 2 · 6 = ☐
3 · 6 = ☐

i) 10 · 6 = ☐
8 · 6 = ☐

j) 10 · 6 = ☐
9 · 6 = ☐

k) 5 · 8 = ☐
6 · 8 = ☐

l) 5 · 8 = ☐
7 · 8 = ☐

m) 2 · 8 = ☐
3 · 8 = ☐

n) 10 · 8 = ☐
8 · 8 = ☐

o) 10 · 8 = ☐
9 · 8 = ☐

p) 5 · 7 = ☐
6 · 7 = ☐

q) 5 · 9 = ☐
7 · 9 = ☐

r) 2 · 9 = ☐
3 · 9 = ☐

s) 10 · 7 = ☐
8 · 7 = ☐

t) 10 · 7 = ☐
9 · 7 = ☐



Mit Hilfe von Sternaufgaben die Ergebnisse anderer Multiplikationsaufgaben herleiten.

**5** Löse mit Hilfe von Sternaufgaben.

| | | | |
|---|---|---|---|
| a) 4 · 8 = ☐ | b) 4 · 7 = ☐ | c) 5 · 4 = ☐ | d) 6 · 4 = ☐ |
| e) 7 · 3 = ☐ | f) 8 · 6 = ☐ | g) 7 · 6 = ☐ | h) 6 · 9 = ☐ |
| i) 8 · 3 = ☐ | j) 3 · 6 = ☐ | k) 7 · 8 = ☐ | l) 8 · 9 = ☐ |

5 a) 4 · 8 =
5 · 8 =
1 · 8 =

**6** Löse mit Hilfe der Zehnerreihe.

| | | | |
|---|---|---|---|
| a) 9 · 6 = ☐ | b) 9 · 4 = ☐ | c) 9 · 8 = ☐ | d) 9 · 7 = ☐ |
| e) 9 · 3 = ☐ | f) 9 · 9 = ☐ | g) 9 · 5 = ☐ | h) 9 · 2 = ☐ |

6 a) 9 · 6 =
10 · 6 =
1 · 6 =

**7** Finde eine passende Quadrataufgabe zu den Sternen.

7 a) 49 = 7 · 7

49 4 64 25 9 16 81 36

**8** Ergänze mit Quadratzahlen.

8 a) 2 < 4 < 7

| a) | b) | c) |
|---|---|---|
| 2 < ☐ < 7 | 42 < ☐ < 51 | 19 < ☐ < 31 |
| 33 < ☐ < 40 | 8 < ☐ < 15 | 74 < ☐ < 83 |
| 59 < ☐ < 70 | 0 < ☐ < 3 | 14 < ☐ < 24 |
| 76 < ☐ < 93 | 27 < ☐ < 45 | 37 < ☐ < 50 |

Überlegt, welche Malaufgaben besonders schwer sind.

**9** Rechne.

a) · 4

| | |
|---|---|
| 6 | ☐ |
| 4 | ☐ |
| 7 | ☐ |
| 9 | ☐ |

b) · 9

| | |
|---|---|
| 10 | ☐ |
| ☐ | 81 |
| 8 | ☐ |
| 7 | ☐ |

c) · ☐

| | |
|---|---|
| 10 | 70 |
| 9 | ☐ |
| 6 | ☐ |
| ☐ | 35 |

d) · ☐

| | |
|---|---|
| 5 | ☐ |
| 7 | 42 |
| ☐ | 36 |
| ☐ | 54 |

1 Erzähle und finde Aufgaben.

2 Schreibe Frage, Rechnung und Antwort.

a)

b)

c)

d)

3 Schreibe Frage, Rechnung und Antwort.

a) 8 Kinder nehmen am Luftballon-Tanz teil. Dafür braucht jedes Kind 3 Luftballons.

b) Beim Dosenwettlauf wollen 6 Kinder mitmachen. Jedes Kind bekommt 2 Dosen zum Laufen.

c) Beim Essensstand gibt es Kuchen aus aller Welt. Jetzt stehen 4 Bleche mit immer 10 Stücken auf den Tischen.

d) 5 Kinder möchten Figuren aus Strohhalmen basteln. Für eine Figur braucht man 9 Strohhalme.

e) In der Klasse stehen 7 Packungen mit Schokoküssen. In jeder Packung sind 10 Schokoküsse.

f) Bei der Tombola werden 8 Packungen Buntstifte verlost. In jeder Packung befinden sich 8 Stifte.

Denke dir eigene Rechengeschichten für ein anderes Kind aus.

# Körper

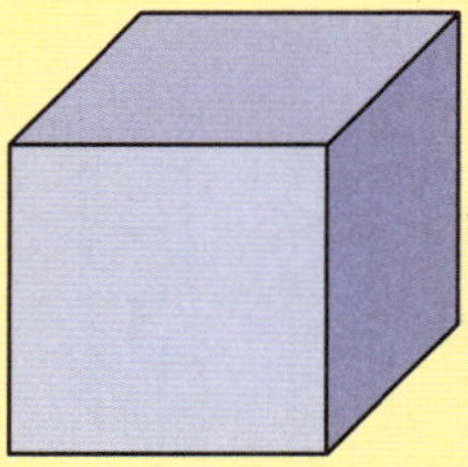

Würfel

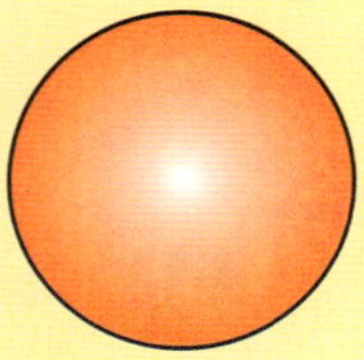

Kugel

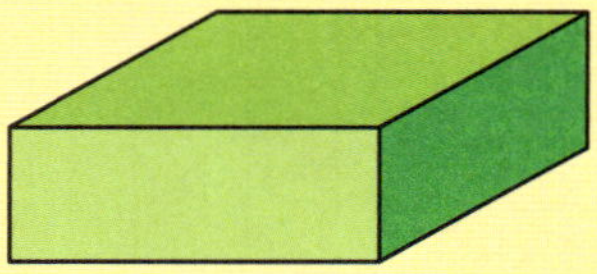

Quader

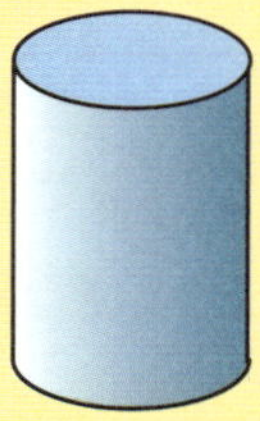

Zylinder

**1** Wie viele Würfel, Kugeln, Quader und Zylinder siehst du?

**2** An welchen Körpern aus Aufgabe 1 findest du diese Flächen?

a)

b)

c)

d)

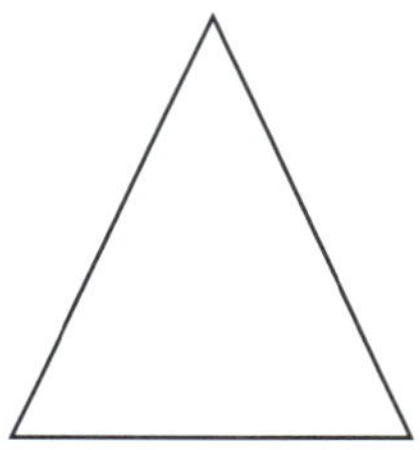

 Alltagsgegenstände Körpern zuordnen. Körper in der Vogelperspektive erkennen.

**3** Baue eigene Kantenmodelle.

**4** Ordne die Aussagen den Körpern zu.

| Quader | Würfel | Kugel | Zylinder |
| --- | --- | --- | --- |
| | | | |

a) Der Körper hat 6 Flächen.

b) Der Körper hat eine Fläche.

c) Der Körper sieht von oben und von unten gleich aus.

d) Der Körper hat 8 Ecken.

e) Der Körper sieht von allen Seiten gleich aus.

f) Der Körper besteht aus sechs Quadraten.

g) Der Körper kann rollen.

**Baue ein passendes Kantenmodell.**

a) Der Körper hat 4 Ecken und 6 Kanten.

b) Der Körper hat 5 Ecken und 8 Kanten.

# Flächen

1 Beschreibe das Bild.

2 Welche Flächen kannst du entdecken? Beschreibe.

Zeichne ein eigenes Bild mit geometrischen Flächen. Frage ein anderes Kind, welche Flächen es entdecken kann.

**3** Finde rechte Winkel in den Bildausschnitten.

a) 

b) 

c) 

**4** In welchen Figuren findest du rechte Winkel?

a) 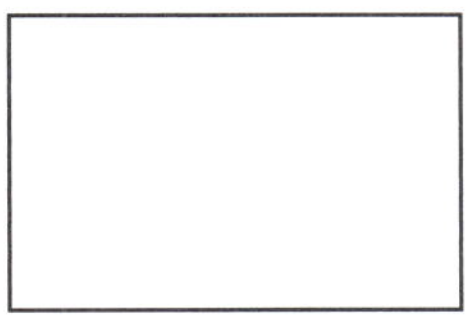

b) 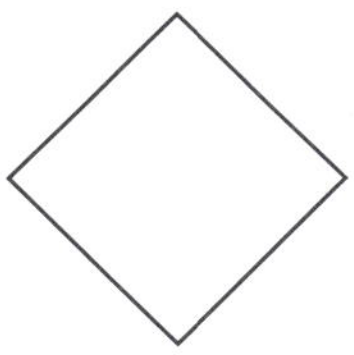

c) 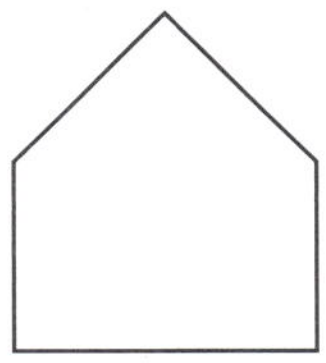

**5** Wo findest du einen rechten Winkel?

a) 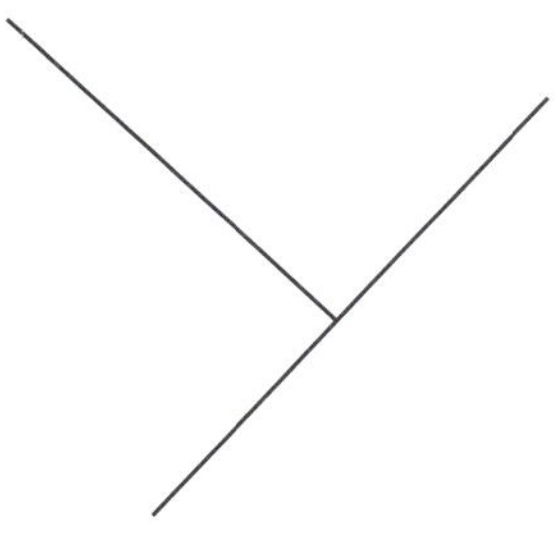

b) 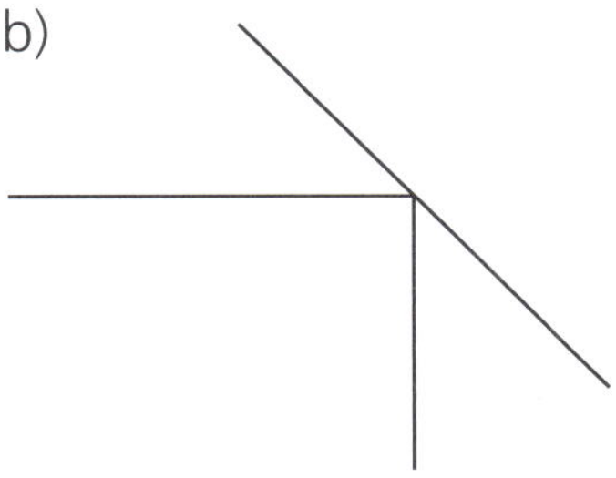

c) 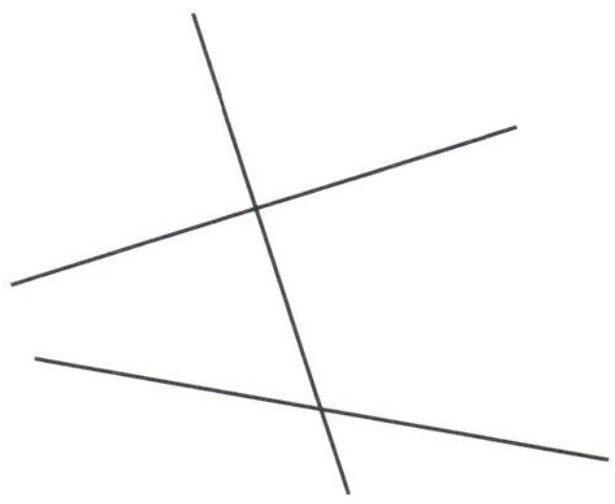

Finde im Klassenzimmer rechte Winkel.

# Flächen auf dem Geobrett

**1** Spanne die Flächen und schreibe wie sie heißen.

a) 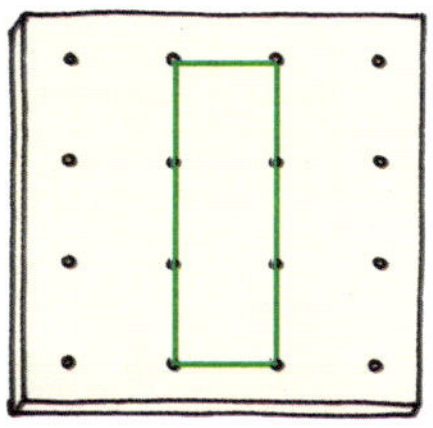
b) 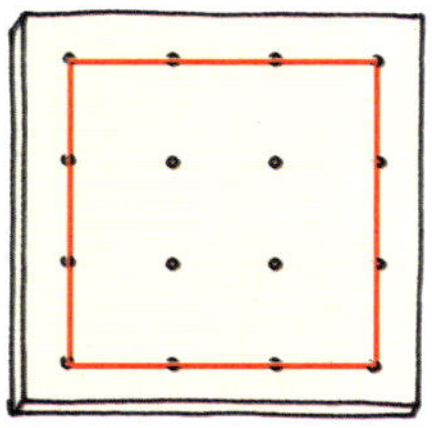
c) 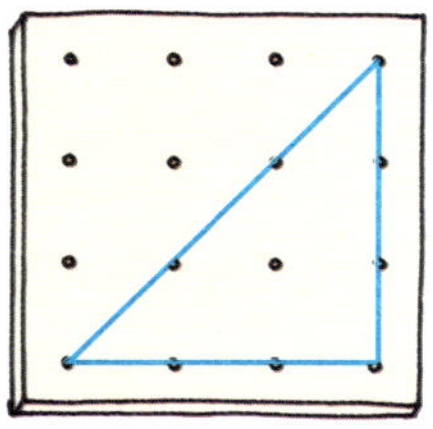
d) 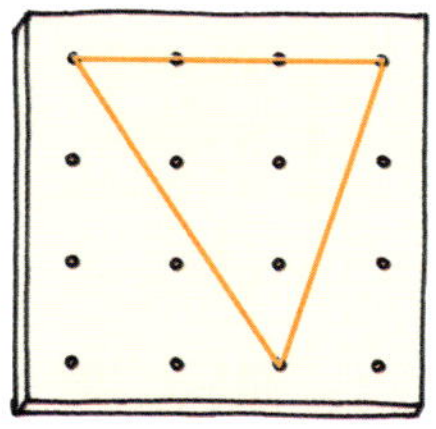

e) 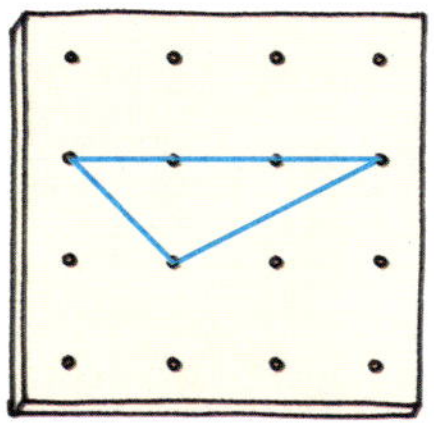
f) 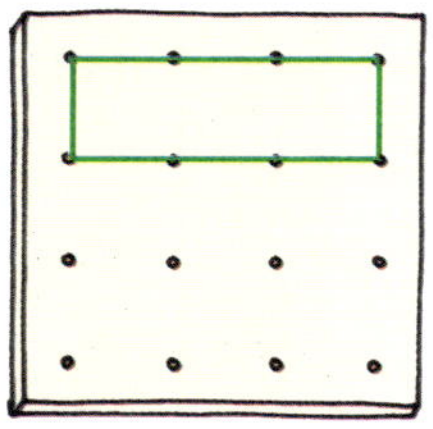
g) 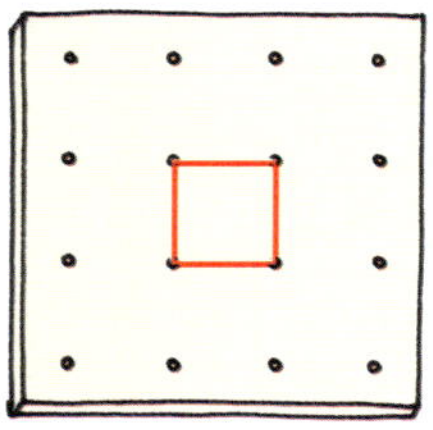
h) 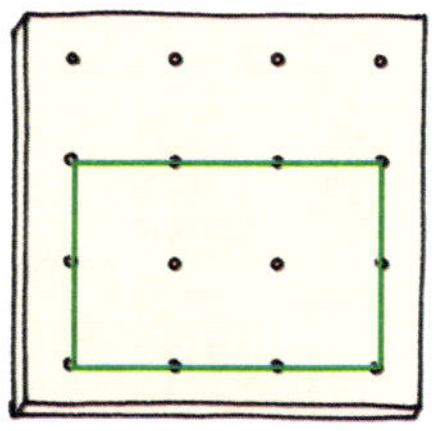

**2** Spanne die Dreiecke nach.

a) 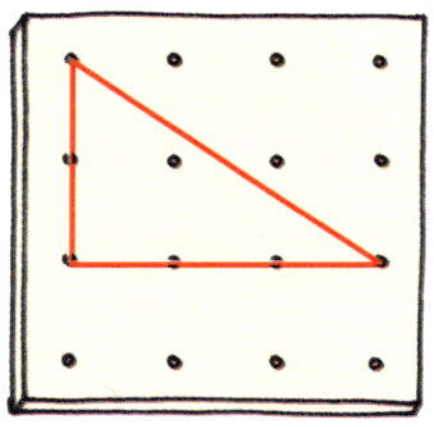
b) 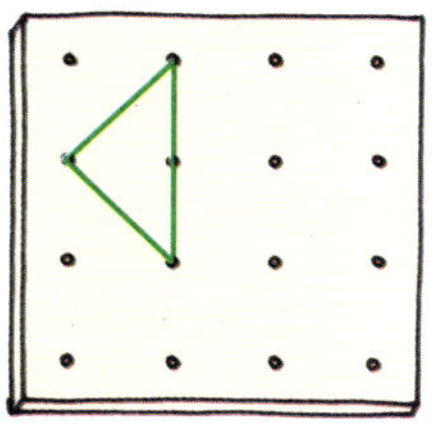
c) 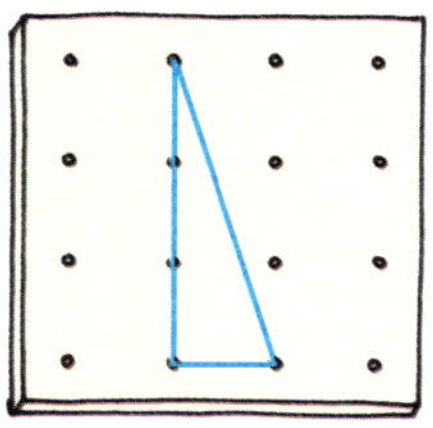
d) 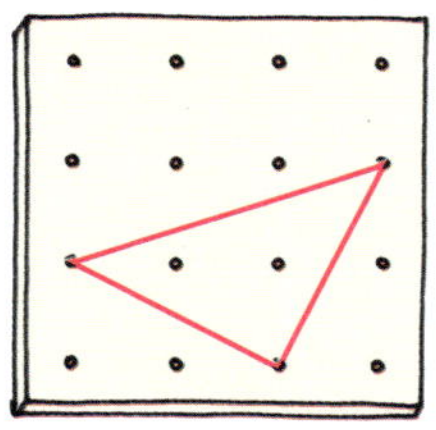

Spanne weitere Dreiecke und zeichne.

Spanne Dreiecke.

a) Spanne 4 gleich große Dreiecke und zeichne sie.

b) Spanne auf deinem Geobrett und zeichne möglichst viele Dreiecke, die sich nicht berühren.

## 3 Spanne die Quadrate nach.

a) 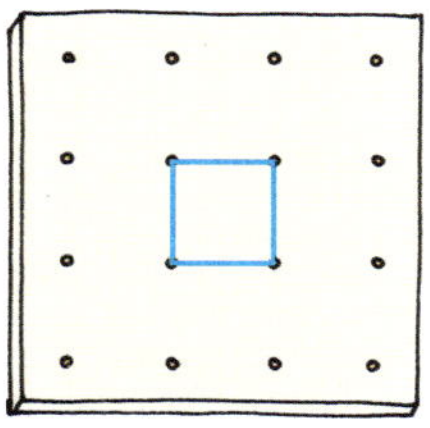

b) 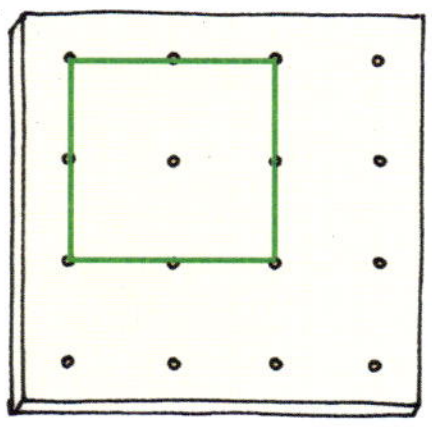

c) 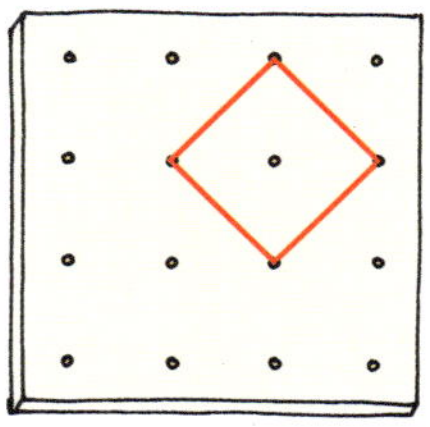

d) 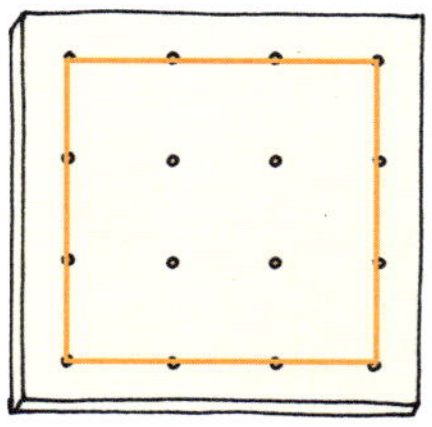

Spanne eigene Quadrate und zeichne sie.

**Spanne Quadrate.**

a) Wie viele verschieden große Quadrate kannst du spannen?

b) Wie viele Quadrate kannst du auf einem Geobrett spannen, ohne dass sie sich berühren?

## 4 Spanne die Rechtecke nach.

a) 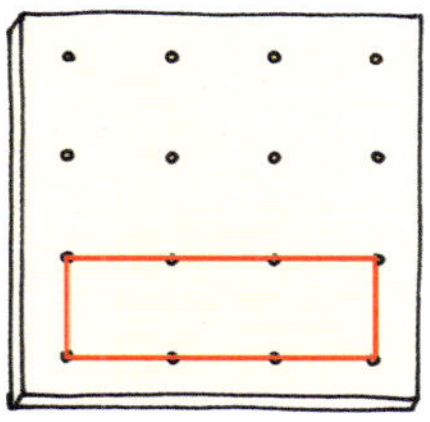

b) 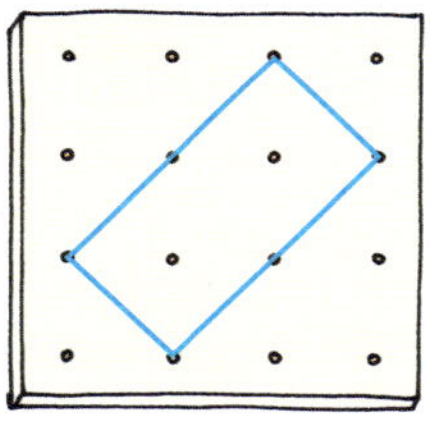

c) 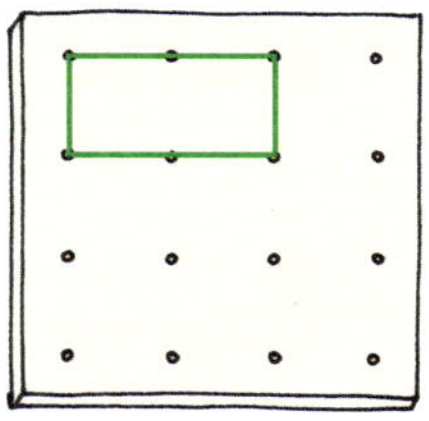

d) 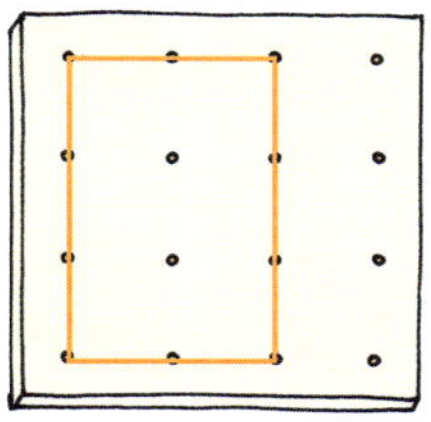

Spanne eigene Rechtecke und zeichne sie.

**Spanne Rechtecke.**

a) Wie viele verschieden große Rechtecke kannst du spannen?

b) Spanne und zeichne das Rechteck in verschiedenen Lagen.

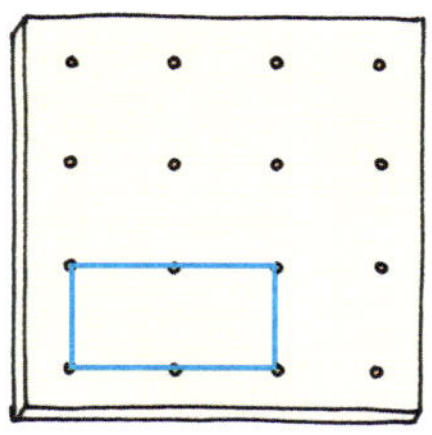

# Nachlegen und auslegen

## Bastelanleitung für Flächen

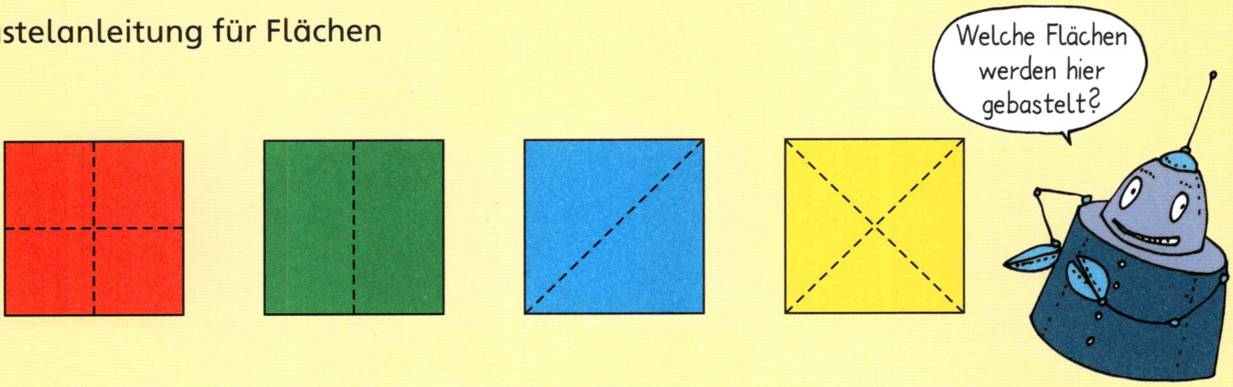


1 Stelle selbst die Formen nach der Anleitung oben her.

2 Lege nach.

 Aus quadratischem Papier Quadrate, Rechtecke, große und kleine Dreiecke falten und schneiden. Ebene Figuren nachlegen.

3 Lege nach.

a)

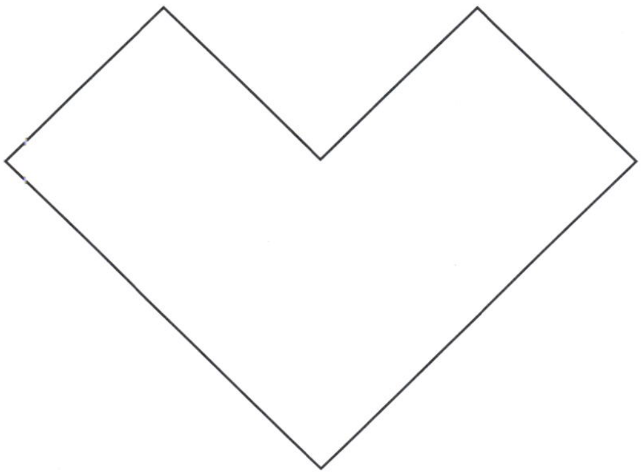

b)

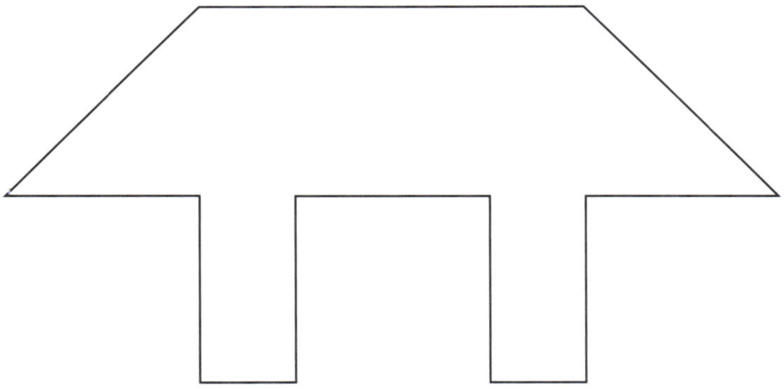

Denke dir eigene Figuren für ein anderes Kind aus.

Lege das Quadrat aus.

a) mit 8 Flächen

b) mit 12 Flächen

c) mit 16 Flächen

# 49 Dividieren

**1** Teile auf. Lege nach und rechne.

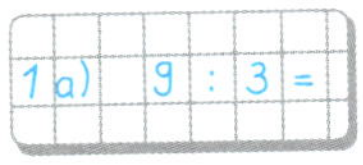


a)

b)

c)

d)

**2** Finde die passende Geteiltaufgabe.

a) 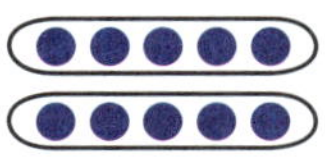

b) 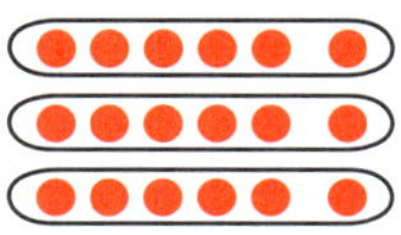

c) 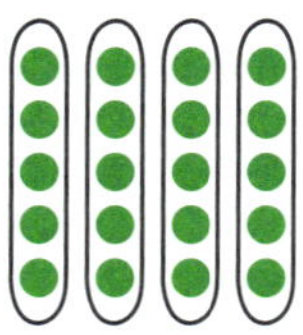

d) 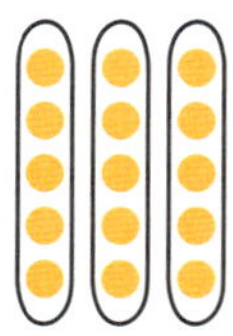

e) 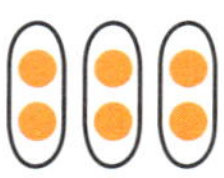

f) 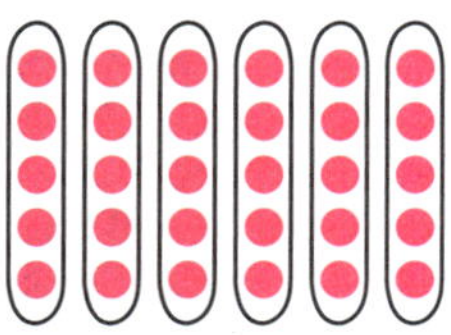

g) 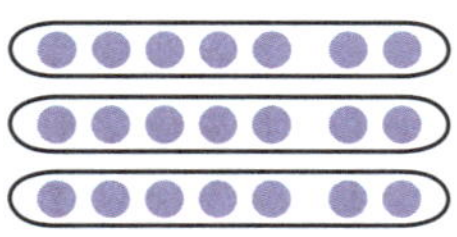

h) 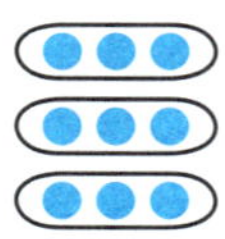

Male eigene Punktefelder und bilde Geteiltaufgaben.

## 3 Male passende Punktefelder und teile.

a)
6 : 3 =
8 : 4 =
9 : 3 =
8 : 2 =
4 : 2 =

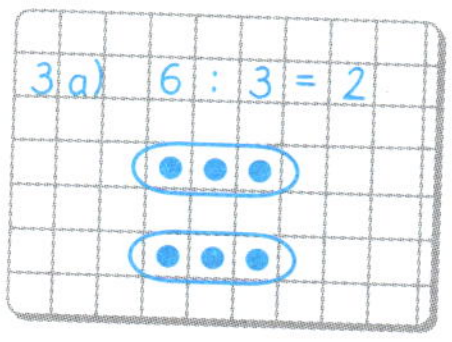


b)
20 : 5 =
15 : 3 =
21 : 7 =
10 : 2 =
12 : 6 =

c)
32 : 8 =
25 : 5 =
24 : 6 =
12 : 3 =
30 : 5 =

## 4 Teile. Was fällt dir auf?

a) 6 : 2 =
6 : 3 =

b) 10 : 5 =
10 : 2 =

c) 12 : 6 =
12 : 2 =

d) 28 : 4 =
28 : 7 =

e) 8 : 4 =
8 : 2 =

f) 15 : 3 =
15 : 5 =

g) 20 : 4 =
20 : 5 =

h) 30 : 6 =
30 : 5 =

Bilde Rechenpaare wie in Aufgabe 4.

## 5 Rechne und setze fort.

a)
2 : 2 =
3 : 3 =
4 : 4 =
 :  =

b)
5 : 1 =
6 : 1 =
7 : 1 =
 :  =

c)
10 : 10 =
9 : 9 =
8 : 8 =
 :  =

d)
25 : 5 =
16 : 4 =
9 : 3 =
 :  =

e)
36 : 6 =
49 : 7 =
64 : 8 =
 :  =

f)
50 : 5 =
45 : 5 =
40 : 5 =
 :  =

g)
60 : 6 =
54 : 6 =
48 : 6 =
 :  =

h)
40 : 8 =
32 : 8 =
24 : 8 =
 :  =

# Dividieren

**1** Verteile gerecht.

1 a) 12 : 3 =

a)

b)

c)

d)

e)

f)

**2** Teile.

a) 14 : 7 =
16 : 4 =
18 : 2 =

b) 18 : 6 =
12 : 4 =
6 : 3 =

c) 4 : 2 =
10 : 2 =
24 : 6 =

d) 3 : 3 =
32 : 4 =
25 : 5 =

**3** Teile. Was fällt dir auf?

a) 2 : 2 =
4 : 2 =
6 : 2 =
8 : 2 =
10 : 2 =

b) 15 : 3 =
12 : 3 =
9 : 3 =
6 : 3 =
3 : 3 =

c) 25 : 5 =
20 : 4 =
15 : 3 =
10 : 2 =
5 : 1 =

d) 4 : 1 =
8 : 2 =
12 : 3 =
16 : 4 =
20 : 5 =

**4** Welche Aufgabe passt nicht in die Päckchenreihe? Ändere sie und rechne.

| | | | | |
|---|---|---|---|---|
| a) 20 : 2 = | b) 4 : 1 = | c) 6 : 6 = | d) 40 : 5 = | e) 7 : 1 = |
| 18 : 2 = | 8 : 2 = | 12 : 6 = | 32 : 4 = | 14 : 7 = |
| 6 : 2 = | 12 : 3 = | 18 : 6 = | 24 : 3 = | 21 : 3 = |
| 14 : 2 = | 16 : 4 = | 36 : 6 = | 16 : 2 = | 28 : 4 = |
| 12 : 2 = | 20 : 2 = | 30 : 6 = | 4 : 1 = | 35 : 5 = |

**5** Schreibe deine Rechnung und Antwort auf.

a) 24 € sollen an Tom, Leon und Pia gerecht verteilt werden. Wie viele Euro bekommt jedes Kind?

b) Anna hat eine Dose mit 50 Gummibärchen. Sie teilt sich die Gummibärchen mit vier Freunden. Wie viele Gummibärchen bekommt jedes Kind?

c) Jonathan hat ein Fotoalbum. Im Fotoalbum sind 32 Fotos. Auf jeder Seite gibt es 4 Fotos. Wie viele Seiten hat das Album?

d) Lisa sammelt Aufkleber. Sie klebt 25 Aufkleber in fünf Reihen auf. Wie viele Aufkleber sind in jeder Reihe?

Schreibe für ein anderes Kind Rechengeschichten zum Teilen.

Setze die Zahlenfolgen fort.

a) 30 – 27 – 24 – 21 – ☐

b) 16 – 8 – 4 – 2 – ☐

c) 4 – 8 – 12 – 16 – ☐

d) 3 – 9 – 15 – 21 – ☐

e) 36 – 28 – 20 – 12 – ☐

f) 24 – 6 – 2 – 1 – ☐

g) 1 – 4 – 9 – 16 – ☐

h) 81 – 64 – 49 – 36 – ☐

i) 3 – 5 – 9 – 11 – ☐

j) 24 – 30 – 27 – 33 – ☐

Bilde eigene Zahlenfolgen für ein anderes Kind.

# Multiplizieren und dividieren

**1** Finde die Mal- und Geteiltaufgabe zu den Bildern.

a) 

1a) 2 · 5 = 10
10 : 5 =

b) 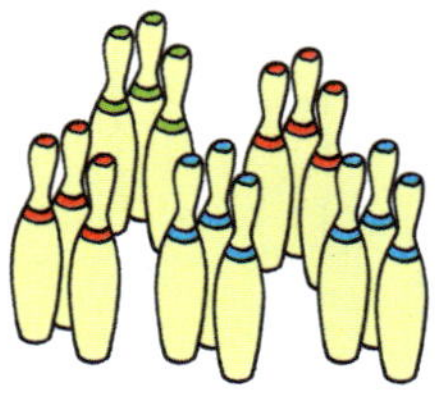

c) 

d) 

e) 

f) 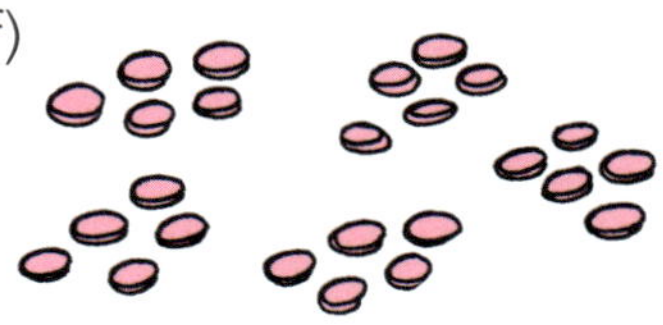

**2** Welche Aufgaben passen zusammen?

2) 2 · 7 = 14
14 : 7 = 2

2 · 7 | 3 · 5 | 20 : 4 | 16 : 2 | 4 · 8 | 32 : 4 | 5 · 4 | 3 · 1 | 5 · 6 | 3 : 3 | 30 : 6 | 15 : 3 | 8 · 2 | 14 : 7

**3** Rechne die Aufgaben und finde die passende Mal- oder Geteiltaufgabe.

| a) | b) | c) | d) | e) |
|---|---|---|---|---|
| 3 · 7 = | 7 · 4 = | 20 : 4 = | 64 : 8 = | 2 · 9 = |
| 6 · 8 = | 5 · 5 = | 32 : 8 = | 10 : 2 = | 24 : 6 = |
| 4 · 4 = | 4 · 8 = | 56 : 8 = | 35 : 7 = | 49 : 7 = |
| 9 · 3 = | 6 · 3 = | 63 : 9 = | 45 : 5 = | 5 · 8 = |

4 Finde alle Mal- und Geteiltaufgaben.

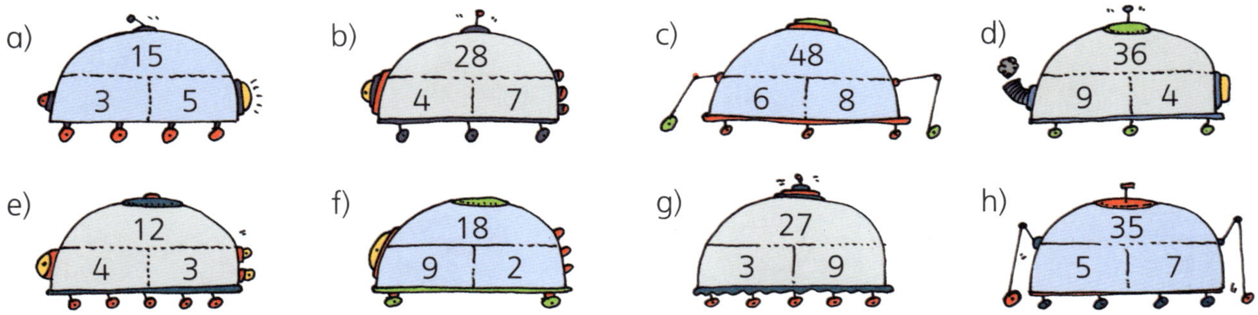


5 Ergänze und finde alle Mal- und Geteiltaufgaben.

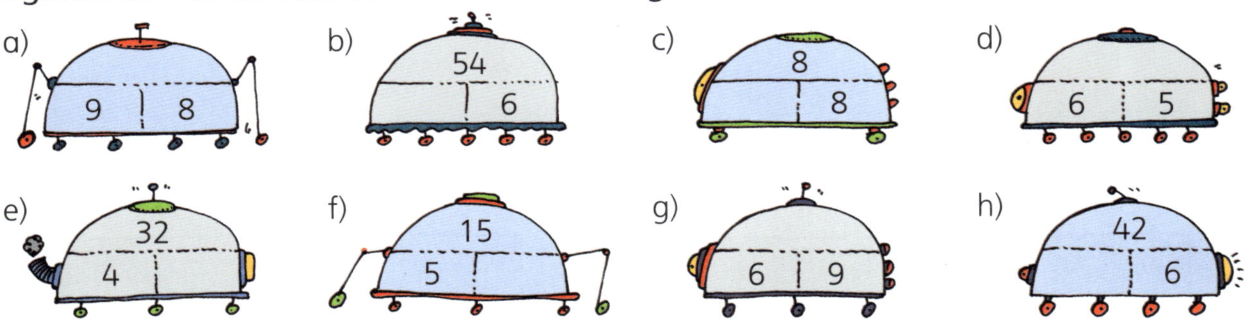


6 Ergänze und finde alle Mal- und Geteiltaufgaben.

Schreibe ähnliche Rechenaufgaben für ein anderes Kind.

Große Rechenufos einführen.

**1** Erzähle und finde Aufgaben. 

**2** Welche Fragen kannst du durch Rechnen beantworten?

a) Wie viele Becher sind es insgesamt?

b) Wie viele Kinder trinken gerne Milch?

c) Wie viele Brötchen passen in jeden Korb?

d) Wie viele Teller sind in jedem Stapel?

e) Gibt es genug Karotten?

f) Wie viele Salamischeiben bekommt jedes Kind?

## 3 Finde passende Rechnungen und Antworten.

a)

b)

c)

d)

## 4 Rechne in zwei Schritten.

a) Tina hat 48 Himbeeren gepflückt. 16 Himbeeren hat sie mit Papa auf dem Weg nach Hause gegessen. Die übrigen Himbeeren verteilt sie an 8 Freunde. Wie viele Himbeeren bekommt jedes Kind?

b) Die Wassermelone wurde in 20 Stücke geteilt. Tom bringt noch 16 Stücke. Jetzt kann gerecht an 9 Kinder verteilt werden. Wie viele Stücke bekommt jedes Kind?

c) Marie bringt zum Picknick 16 Trauben, Jakob bringt 24 Trauben und Alina bringt 9 Trauben. Sie verteilen die Trauben an 7 Kinder. Wie viele Trauben bekommt jedes Kind?

d) Lukas isst gerne Kirschen. 42 Kirschen wurden gerecht an Lukas und seine 5 Freunde verteilt. Zu Mittag isst Lukas 8 weitere Kirschen. Wie viele Kirschen hat Lukas insgesamt gegessen?

Schreibe eigene Rechengeschichten und Aufgaben.

# Dividieren mit Rest

**1** Teile gerecht. Wie viel bleibt übrig?

1 a) 6 : 4 = 1 Rest 2
1 · 4 = 4
4 + 2 = 6

a)

b)

c)

d)

**2** Finde die passende Geteiltaufgabe.

2 a) 20 : 6 = 3 Rest 2

a)

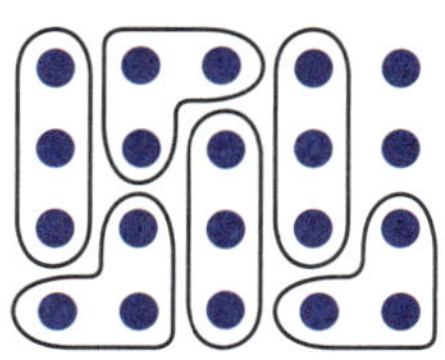

b)

c)

d)

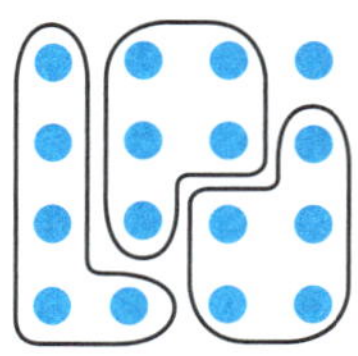

**3** Zeichne Punktebilder und löse mit Rest.

a) 12 : 5 = 
11 : 4 = 

b) 9 : 2 = 
10 : 3 = 

c) 19 : 5 = 
20 : 3 = 

d) 25 : 7 = 
13 : 7 = 

e) 23 : 8 = 
24 : 5 = 

**4** Dividiere mit Rest und kontrolliere.

a) 31 : 4 = 
47 : 5 = 
36 : 7 = 

4 a) 31 : 4 = 7 Rest 3
4 · 7 = 28 28 + 3 = 31

b) 42 : 8 = 
65 : 8 = 
33 : 4 = 

c) 52 : 6 = 
40 : 7 = 
79 : 9 = 

d) 83 : 9 = 
58 : 7 = 
37 : 4 = 

**5** Teile mit Rest.

a) Jonas hat 11 Autos, die er sich mit seinen beiden Freunden gerecht teilen will. Wie viele Autos bekommt jeder von ihnen? Wie viele Autos bleiben übrig?

b) Oma kommt heute zu Besuch. Sie bringt eine Schachtel mit 18 Pralinen. Oma, Papa, Mama und Martha teilen sich die Pralinen gerecht. Wie viele Pralinen bleiben übrig?

c) Im Pferdestall warten 5 hungrige Pferde. Lukas hat 34 Äpfel, die er gerecht verteilen will. Kannst du ihm helfen? Wie viele Äpfel bleiben übrig?

d) Anna hat ein neues Kartenspiel. Es gibt 36 Spielkarten. Jedes Kind soll 5 Karten bekommen. Eine Restkarte wird offen auf den Tisch gelegt. Wie viele Kinder spielen gemeinsam?

Finde die passenden Geteiltaufgaben und rechne.

a) Nele war in den Ferien am Strand. Sie sammelte 28 Muscheln, die sie sich nun mit Simon und Julia teilen will. Wie viele Muscheln bekommt jedes Kind? Wie viele Muscheln bleiben übrig? →

b) Da kommen Tina und Max. Sie wollen auch ein paar Muscheln haben. Wie viele Muscheln bekommt nun jedes Kind? Kannst du Nele helfen? →

c) → Emma ist Neles ältere Schwester: „Darf ich auch ein paar Muscheln haben? Ich bastle so gerne mit Muscheln." „Gerne", sagt Nele, „aber bitte helfe mir gerecht zu verteilen." Wie viele Muscheln bleiben nun übrig?

d) → Niko meint: „Es ist besser, wenn ich auch einige Muscheln bekomme." Nele lächelt und sagt: „Du hast Recht!" Warum freut sich Nele?

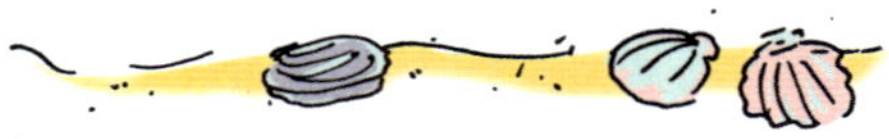

**1** Dividiere.

| a) | b) | c) | d) |
|---|---|---|---|
| 15 : 5 = | 24 : 6 = | 42 : 7 = | 35 : 5 = |
| 18 : 6 = | 70 : 7 = | 30 : 6 = | 12 : 4 = |
| 36 : 4 = | 64 : 8 = | 28 : 4 = | 54 : 9 = |
| 25 : 5 = | 32 : 4 = | 18 : 2 = | 63 : 7 = |

| e) | f) | g) | h) |
|---|---|---|---|
| 10 : 2 = | 27 : 3 = | 36 : 9 = | 30 : 3 = |
| 24 : 8 = | 12 : 6 = | 48 : 6 = | 24 : 3 = |
| 40 : 5 = | 40 : 10 = | 16 : 4 = | 49 : 7 = |
| 81 : 9 = | 45 : 9 = | 20 : 5 = | 36 : 6 = |

**2** Dividiere mit und ohne Rest.

| a) | b) | c) | d) |
|---|---|---|---|
| 26 : 4 = | 50 : 7 = | 42 : 6 = | 87 : 9 = |
| 20 : 5 = | 37 : 5 = | 80 : 9 = | 56 : 7 = |
| 21 : 7 = | 22 : 10 = | 29 : 5 = | 48 : 6 = |
| 28 : 8 = | 32 : 8 = | 18 : 7 = | 65 : 9 = |

**3** Tim hat gerechnet. Überprüfe und berichtige Fehler.

| a) | b) | c) |
|---|---|---|
| 27 : 5 = 5 Rest 2 | 33 : 8 = 4 Rest 1 | 66 : 7 = 9 Rest 3 |
| 72 : 8 = 9 Rest 0 | 26 : 4 = 6 Rest 3 | 22 : 3 = 7 Rest 1 |
| 12 : 4 = 4 Rest 0 | 48 : 7 = 6 Rest 6 | 43 : 8 = 5 Rest 3 |
| 22 : 6 = 3 Rest 4 | 91 : 10 = 9 Rest 1 | 39 : 5 = 7 Rest 0 |

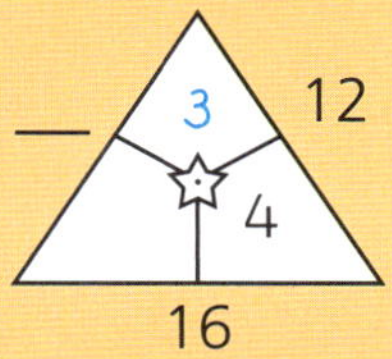


**4** Ergänze die Rechendreiecke.

a)

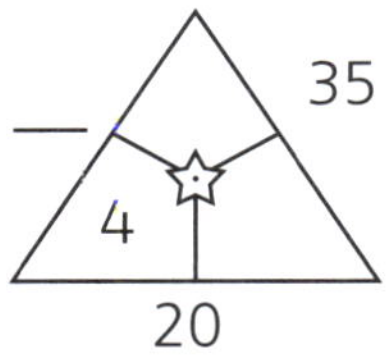


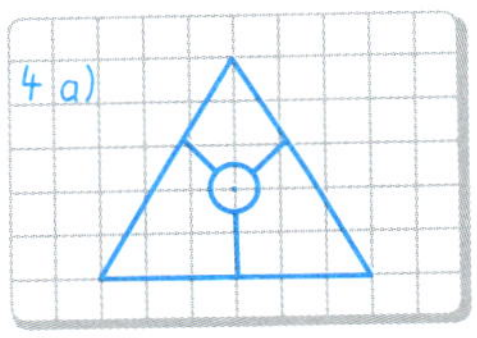


b)

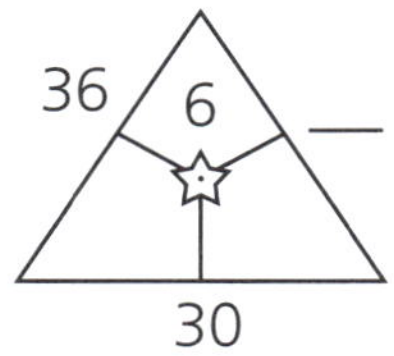


c)

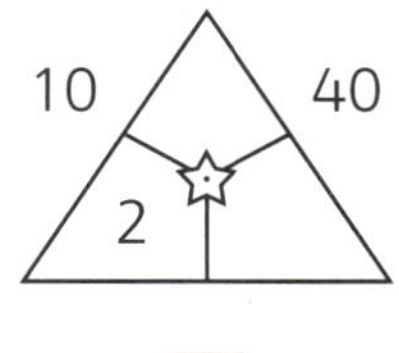


d)

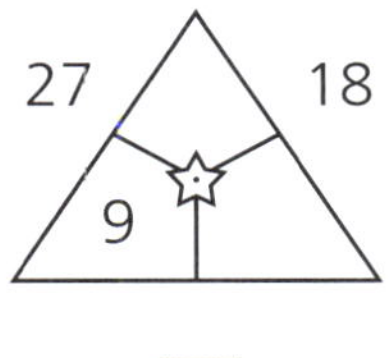


e)

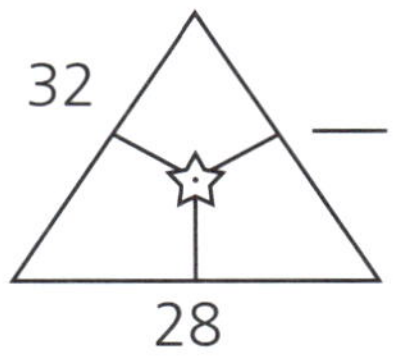


f)

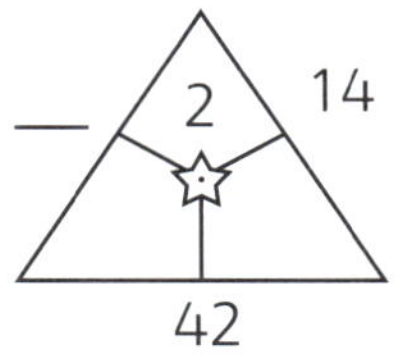


g)

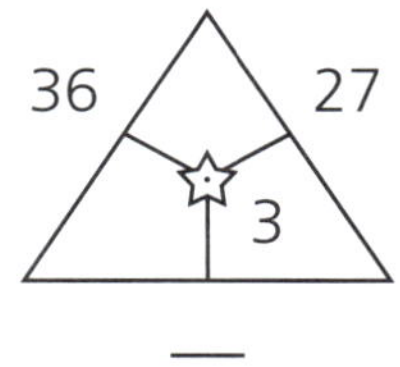


Setze die Zahlen richtig ein. Schreibe in dein Heft.

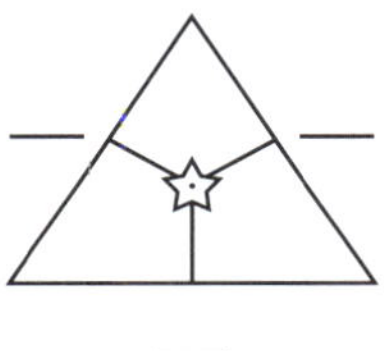

a)

| | | |
|---|---|---|
| 18 | 2 | 9 |
| 36 | 4 | 8 |

b)

| | | |
|---|---|---|
| 20 | 6 | 24 |
| 4 | 5 | 30 |

c)

| | | |
|---|---|---|
| 10 | 30 | 7 |
| 70 | 3 | 21 |

**5** Wie rechnest du?

a) In den Sommerferien geht Lukas jeden Sonntag, Dienstag und Donnerstag schwimmen. Die Ferien sind 8 Wochen lang. Wie oft geht Lukas in den Ferien schwimmen?

b) Marie hat 44 Erdnüsse, die sie an ihre Freunde verschenkt. Jedes Kind bekommt 6 Nüsse. Die restlichen 2 Nüsse isst sie selbst. Wie viele Freunde sind es?

c) Die Lehrerin teilt die Schüler in 6 Gruppen. In jeder Gruppe sind 5 Kinder. 2 Kinder werden krank. Wie viele gleiche Gruppen gibt es jetzt? Wie viele Kinder sind in jeder Gruppe?

d) Papa kauft Mia, Tom und Leon je ein Eis. Er bezahlt 6 €. Wie viel kostet ein Eis?

e) Lisa hat 51 Murmeln, die sie sich mit 6 Freunden teilt. Wie viele Murmeln bekommt jedes Kind, wie viele bleiben übrig?

f) Opa Max hat 28 €. Er gibt jedem Enkel 7 €. Wie viele Enkel hat er?

# Gemischte Aufgaben

| · | 4 | 6 | 1 |
|---|---|---|---|
| 3 | 12 | 18 | 3 |
| 5 | 20 | 30 | 5 |
| 7 | 28 | | |

**1** Löse die Rechentafeln. Schreibe in dein Heft.

a)

| · | 2 | 8 | 3 |
|---|---|---|---|
| 1 | | | |
| 6 | | | |
| 4 | | | |

b)

| · | 5 | 4 | 7 |
|---|---|---|---|
| 6 | | | |
| 7 | | | |
| 10 | | | |

c)

| · | 9 | 5 | 0 |
|---|---|---|---|
| 8 | | | |
| 3 | | | |
| 2 | | | |

**2** Ergänze die Rechentafeln. Schreibe in dein Heft.

a)

| · | | 4 | |
|---|---|---|---|
| 2 | 6 | | 16 |
| | 15 | | |
| | | | 24 |

b)

| · | | 7 | |
|---|---|---|---|
| 5 | 25 | | |
| | | 63 | |
| 8 | | | 80 |

c)

| · | 6 | | |
|---|---|---|---|
| 4 | | 28 | |
| | 0 | | |
| | 36 | | 54 |

**3** Löse die Rechenmaschinen.

a)

b)

c)

d)

**4** Ergänze die Rechenmaschinen.

a)

b)

c)

d)

**5** Multipliziere und dividiere.

a) 6 →(· 4)→ ☐ →(: 8)→ ☐ → 9 →(· 2)→ ☐ →(: 6)→ ☐

b) 12 → 4 →(· 5)→ ☐ →(: 10)→ ☐ →(· 5)→ ☐ →(: 2)→ ☐

c) ☐ →(: 8)→ ☐ →(: 2)→ 4 → ☐ →(: 2)→ ☐ →(· 6)→ 36

**6** Finde passende Rechenzeichen.

| a) | | b) | | c) | | d) | |
|---|---|---|---|---|---|---|---|
| 3 ◯ 5 = 15 | | 7 ◯ 6 = 1 | | 36 ◯ 9 = 4 | | 2 ◯ 8 = 16 | |
| 3 ◯ 5 = 8 | | 7 ◯ 6 = 42 | | 9 ◯ 4 = 5 | | 8 ◯ 2 = 10 | |
| 5 ◯ 3 = 2 | | 42 ◯ 7 = 6 | | 4 ◯ 9 = 36 | | 8 ◯ 2 = 6 | |
| 15 ◯ 3 = 5 | | 7 ◯ 6 = 13 | | 4 ◯ 9 = 13 | | 16 ◯ 8 = 2 | |

**7** Finde die Regel und setze fort.

a) 0 – 2 – 4 – 6 – ☐

b) 1 – 2 – 4 – 8 – ☐

c) 1 – 3 – 2 – 5 – 4 – ☐ – ☐

d) 1 – 6 – 2 – 12 – 4 – ☐ – ☐

e) 1 – 8 – 2 – 16 – 4 – ☐ – ☐

f) 0 – 1 – 2 – 3 – 6 – ☐ – ☐

Ergänze die Rechenzeichen und Zahlen.

a)

b)

c)

**1** Finde passende Dominosteine. Schreibe in dein Heft.

a) 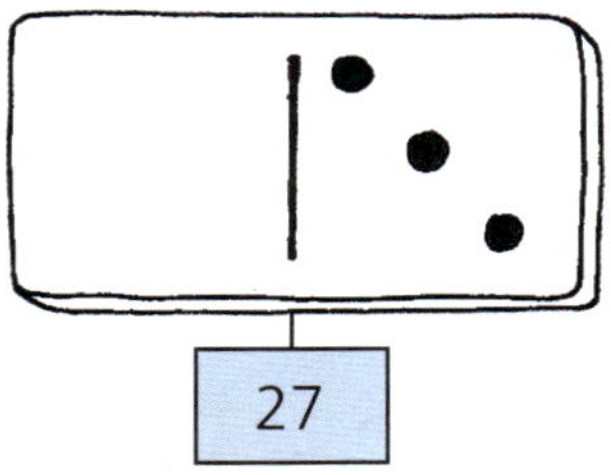


b) 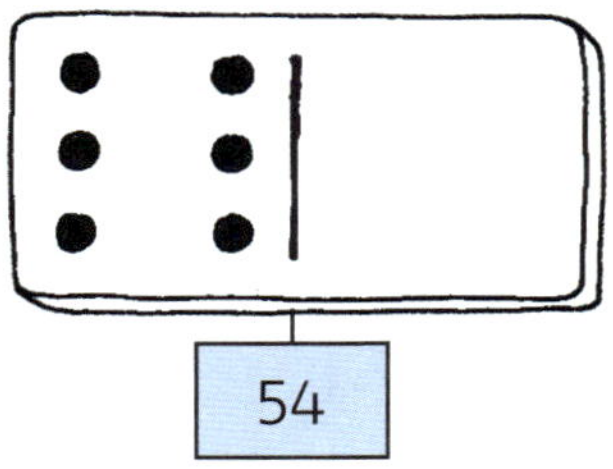


c) 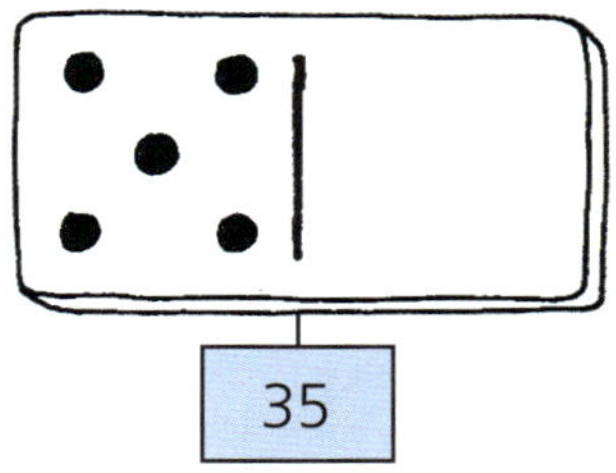


d) 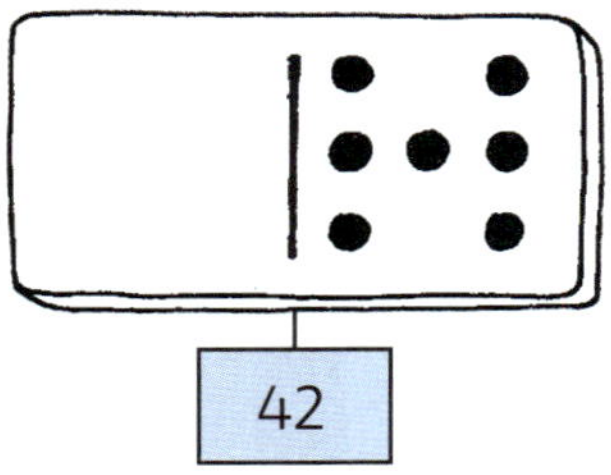


e) 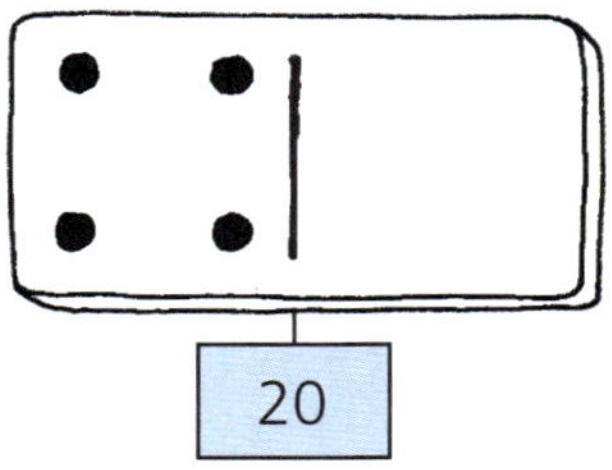


f) 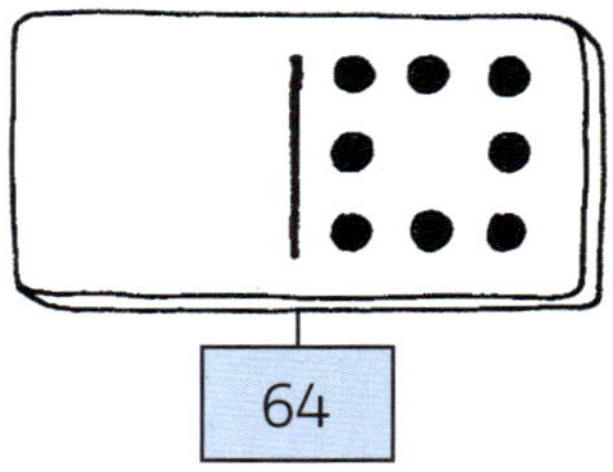


**2** Zähle die Körper.

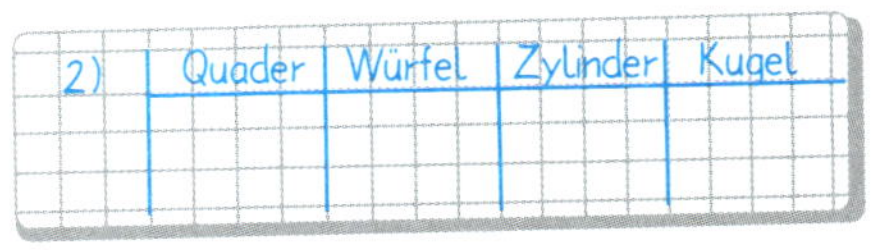

**3** Welche Formen entdeckst du hier? Spanne auf dem Geobrett.

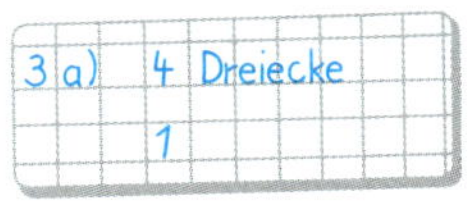


a) 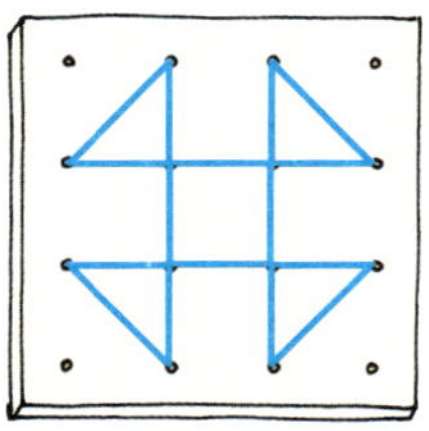

b) 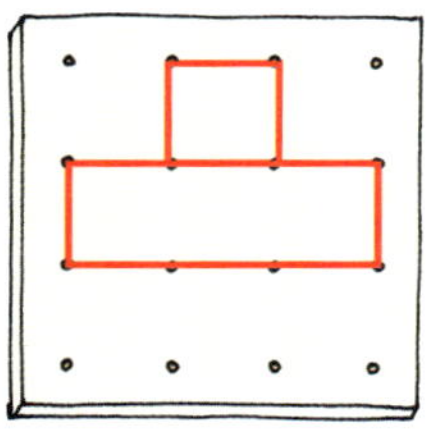

c) 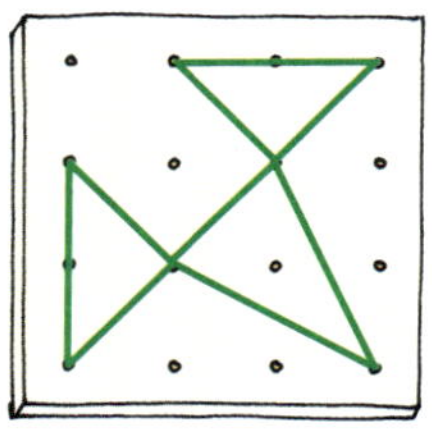

d) 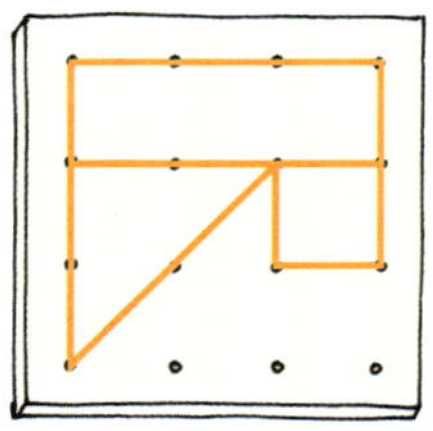

**4** Welche Formen entdeckst du hier? Spanne und zeichne.

a) 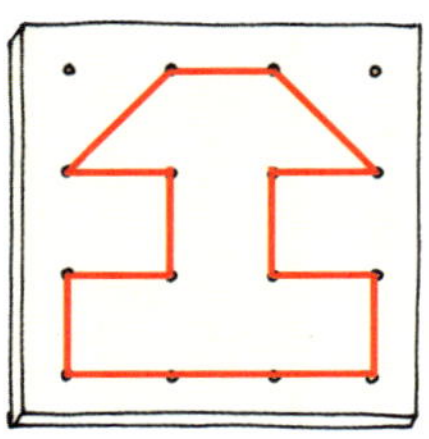

b) 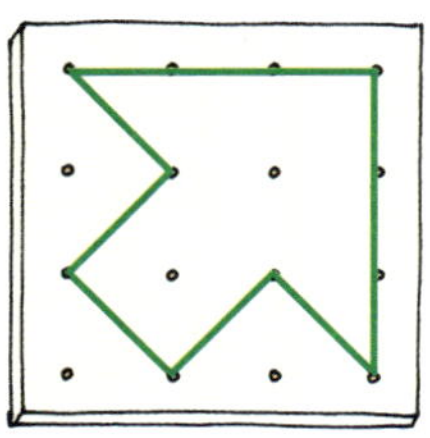

c) 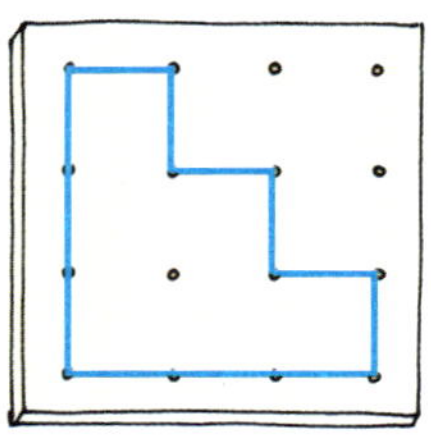

**5** Lege nach.

**6** Bilde alle Mal - und Geteiltaufgaben.

a)

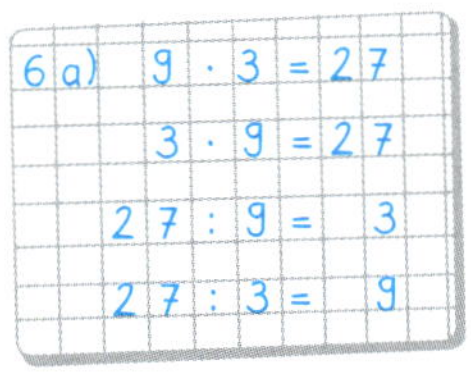


b)

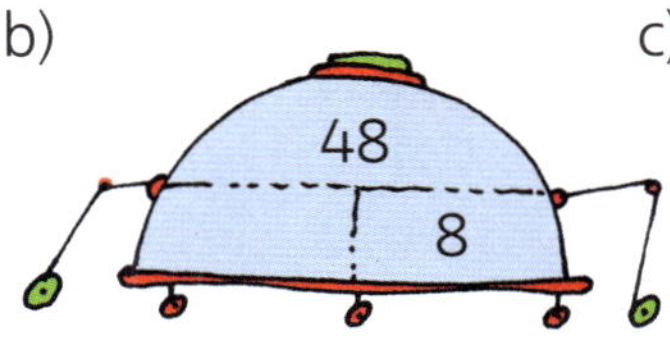


c)

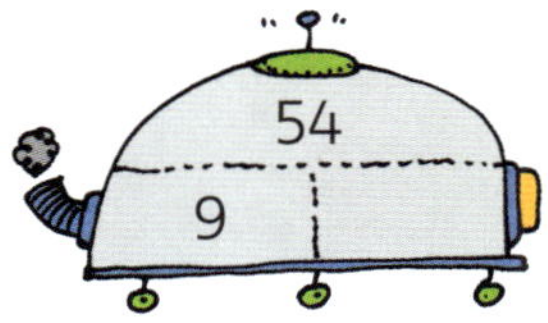


d)

e)

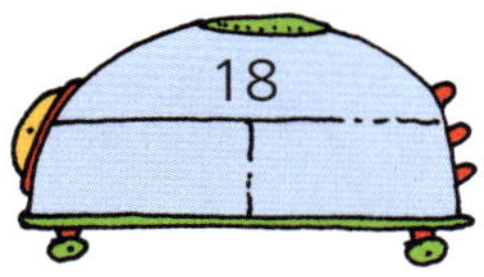


f)

g)

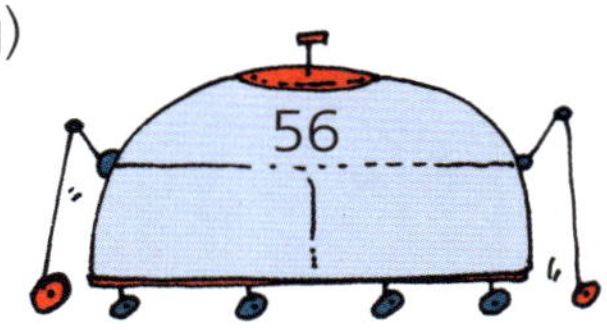


**7** Teile mit und ohne Rest.

| a) | b) | c) | d) | e) |
|---|---|---|---|---|
| 20 : 5 = | 72 : 9 = | 30 : 6 = | 35 : 7 = | 36 : 6 = |
| 36 : 7 = | 8 : 1 = | 16 : 4 = | 63 : 9 = | 30 : 9 = |
| 56 : 8 = | 43 : 6 = | 38 : 9 = | 40 : 5 = | 40 : 5 = |
| 24 : 4 = | 49 : 7 = | 49 : 6 = | 67 : 8 = | 27 : 4 = |
| 20 : 6 = | 25 : 5 = | 24 : 7 = | 17 : 3 = | 12 : 6 = |

**8** Rechne.

a)

b)

c)

# Rechenstrategien - Addieren

**Anton**

58 + 37 = 95
50 + 30 = 80
8 + 7 = 15

**Harun**

58 + 37 = 95
58 + 40 = 98
98 – 3 = 95

**Maja**

58 + 37 = 95
58 + 30 = 88
88 + 7 = 95

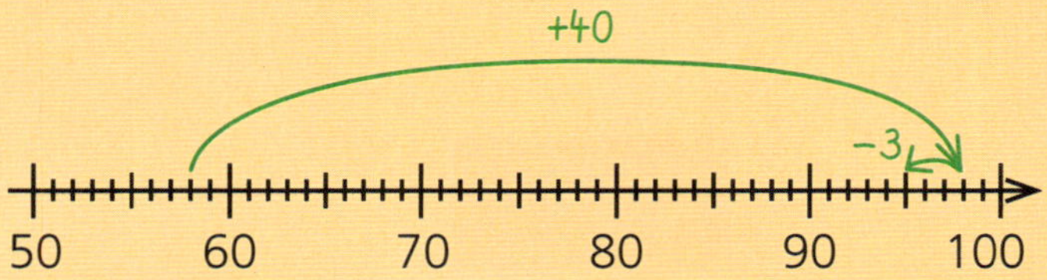

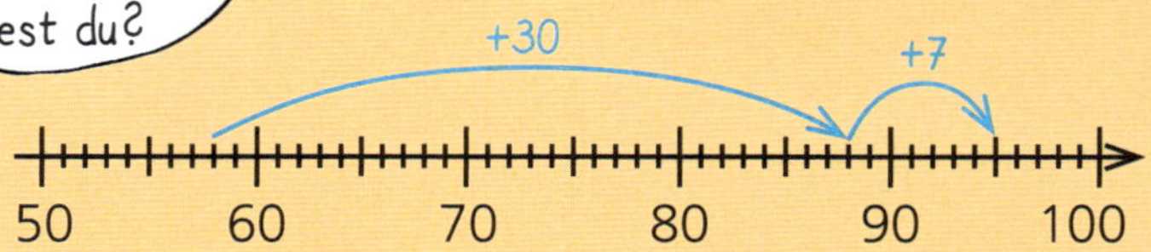


## 1 Rechne wie Anton.

a) 45 + 36 = ☐
74 + 17 = ☐
66 + 25 = ☐
43 + 48 = ☐

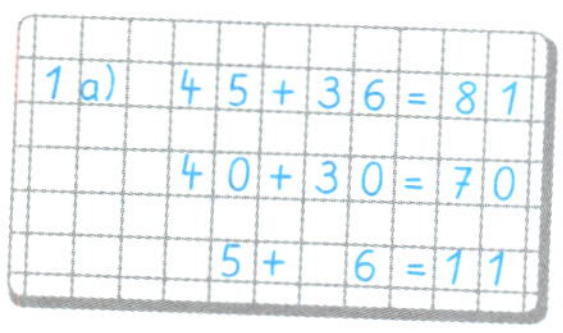


b) 57 + 24 = ☐
13 + 58 = ☐
27 + 44 = ☐
33 + 39 = ☐

c) 75 + 17 = ☐
28 + 54 = ☐
46 + 37 = ☐
35 + 36 = ☐

## 2 Rechne wie Harun.

a) 72 + 19 = ☐
28 + 34 = ☐
66 + 29 = ☐
37 + 48 = ☐

b) 44 + 27 = ☐
23 + 49 = ☐
31 + 59 = ☐
69 + 13 = ☐

c) 38 + 19 = ☐
56 + 27 = ☐
44 + 37 = ☐
18 + 24 = ☐

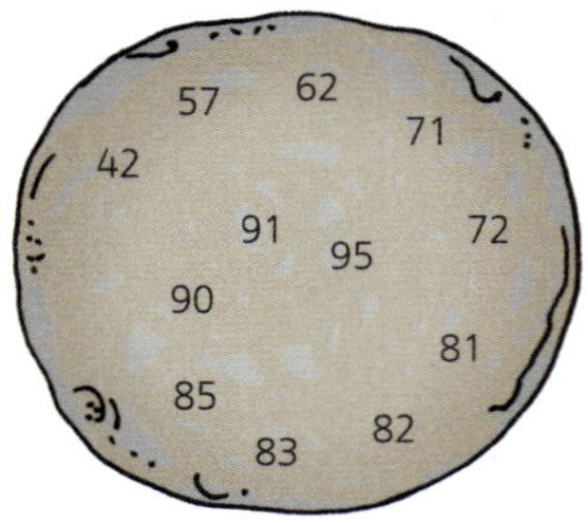


## 3 Rechne wie Maja.

a) 43 + 49 = ☐
56 + 27 = ☐
38 + 15 = ☐
24 + 48 = ☐

b) 62 + 29 = ☐
18 + 66 = ☐
75 + 16 = ☐
54 + 38 = ☐

c) 33 + 19 = ☐
46 + 36 = ☐
17 + 58 = ☐
64 + 17 = ☐

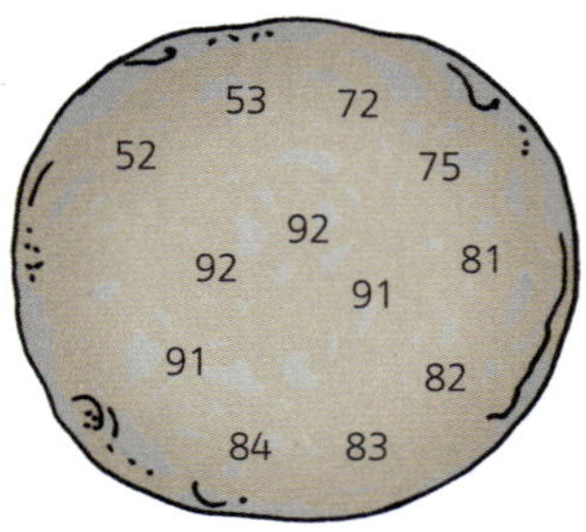


 Rechenstrategien bei Additionsaufgaben zweistelliger Zahlen mit Zehnerüberschreitung kennen lernen.

**4** Wähle einen Rechenweg und rechne.

a) 17 + 38 = ☐
29 + 47 = ☐
68 + 14 = ☐
55 + 26 = ☐
46 + 35 = ☐

b) 72 + 24 = ☐
39 + 52 = ☐
16 + 65 = ☐
49 + 33 = ☐
54 + 17 = ☐

c) 84 + 9 = ☐
67 + 24 = ☐
28 + 45 = ☐
17 + 66 = ☐
36 + 39 = ☐

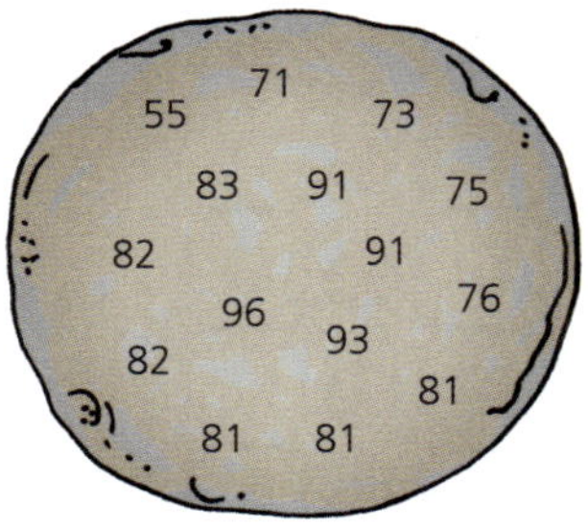


Setze fort.

a) 17 – 31 – 44 – ☐

b) 24 – 39 – 50 – 65 – ☐

c) 12 – 25 – 36 – 49 – ☐

**5** Finde die Lösung.

a) Jannik hat 17 € gespart. Von seiner Tante Leni bekommt er 27 € geschenkt.

b) Emily hat am Strand 45 Muscheln gesammelt. Johannes hat 38 Muscheln.

c) Lenja und Inga möchten ein Boot aus Flaschenkorken bauen. Lenja hat 24 Korken, und Inga hat 27 Korken gesammelt.

d) Auf dem Sommerflohmarkt verkauft Ida Spielzeuge. Sie verdient 47 €. Ole verdient 25 €.

e) Iris kauft sich einen Badeanzug für 23 € und Schwimmflossen für 19 €.

f) Ben bekommt 25 € Taschengeld für den Urlaub. 17 € hat er noch in seinem Sparschwein.

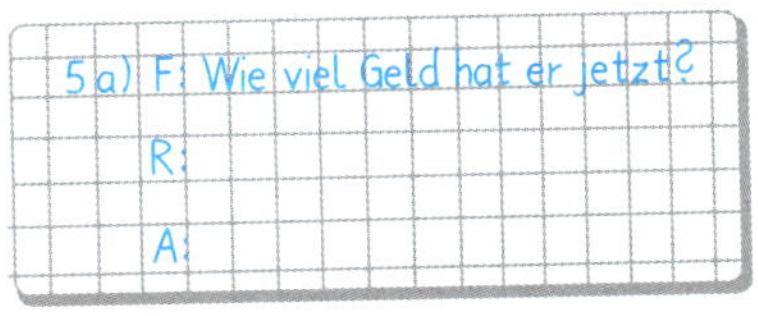


Denke dir eine Rechengeschichte aus. Schreibe oder male.

| +23 | |
|---|---|
| 62 | 85 |
| 49 | |
| 28 | |
| 12 | |

62 + 23 = 85
49 + 23 = 72
28 + 23 =
12 + 23 =

| + | 52 | 53 | 54 | 55 |
|---|---|---|---|---|
| 19 | 71 | 7 | | |
| 20 | | | | |
| 21 | | | | |

19 + 52 = 71
19 + 53 = 72
19 + 54 =
19 + 55 =

**1** Rechne und ergänze.

a)

| +34 | |
|---|---|
| 28 | |
| 29 | |
| 30 | |
| 31 | |

b)

| +16 | |
|---|---|
| 45 | |
| 35 | |
| 25 | |
| 15 | |

c)

| +29 | |
|---|---|
| 34 | |
| 45 | |
| 56 | |
| 67 | |

d)

| +47 | |
|---|---|
| 16 | |
| 26 | |
| 36 | |
| 46 | |

e)

| +54 | |
|---|---|
| 34 | |
| | 81 |
| 38 | |
| | 70 |

f)

| +72 | |
|---|---|
| | 91 |
| 28 | |
| 25 | |
| | 83 |

g)

| + | |
|---|---|
| 27 | 74 |
| 30 | |
| 43 | |
| 28 | |

h)

| + | |
|---|---|
| 26 | |
| 47 | |
| 35 | 73 |
| 40 | |

**2** Ergänze und schreibe in dein Heft.

a)

| + | 20 | 21 | 22 | 23 |
|---|---|---|---|---|
| 17 | | | | |
| 18 | | | | |
| 19 | | | | |

b)

| + | 35 | 36 | 37 | 38 |
|---|---|---|---|---|
| 49 | | | | |
| 48 | | | | |
| 46 | | | | |

c)

| + | 46 | 47 | 48 | 49 |
|---|---|---|---|---|
| 28 | | | | |
| 29 | | | | |
| 30 | | | | |

d)

| + | 48 | 32 | 16 | |
|---|---|---|---|---|
| 42 | | | | 66 |
| | | 45 | | |
| 37 | | | | |

e)

| + | | | | 47 |
|---|---|---|---|---|
| 23 | 95 | | | |
| 16 | | 45 | | |
| 11 | | | 67 | |

f)

| + | 47 | 28 | 45 | 18 |
|---|---|---|---|---|
| | 93 | | | |
| | | 63 | | |
| | | | 71 | |

 Unterschiedliche Übungsformate zur Addition im Zahlenraum bis 100 anwenden.

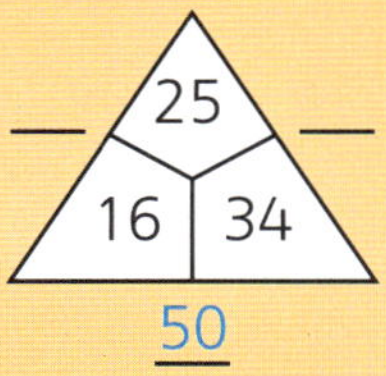

**3** Übertrage die Rechendreiecke in dein Heft und ergänze die fehlenden Zahlen.

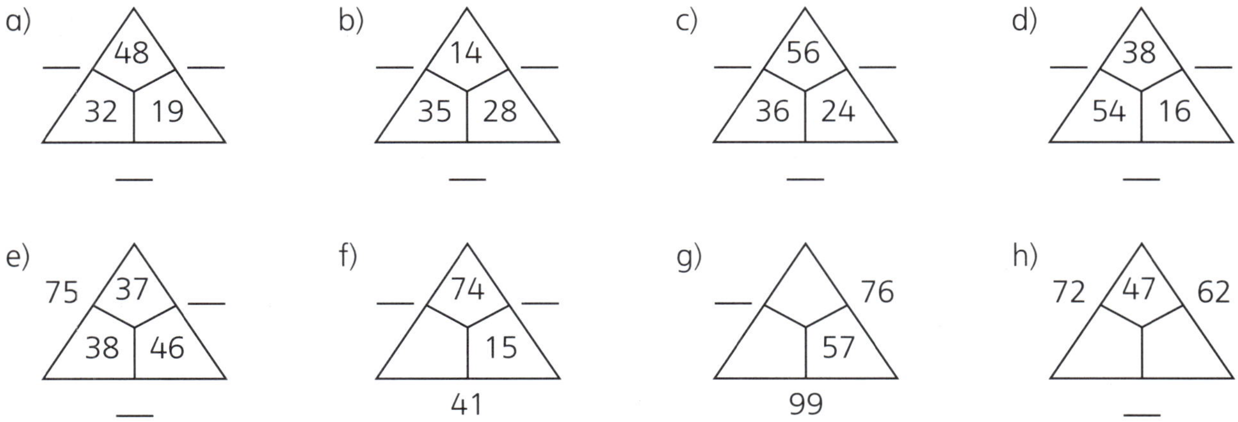


**4** Ergänze.

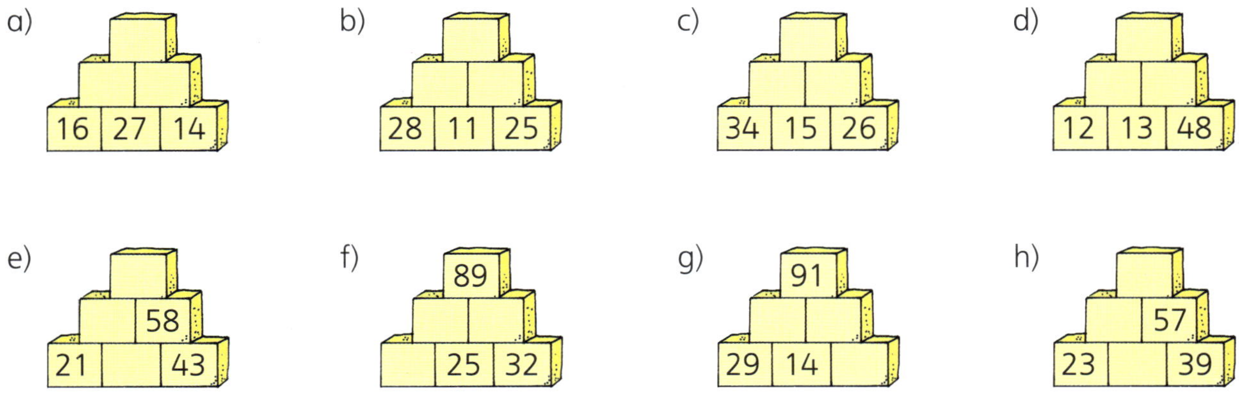


Setze die Zahlen ein.

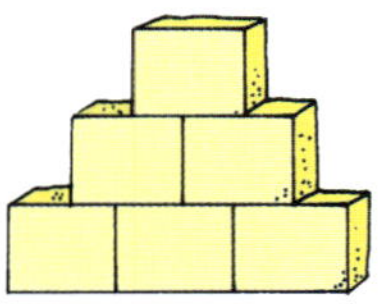

| | | |
|---|---|---|
| 12 | 100 | 28 |
| 60 | 32 | 40 |

| | | |
|---|---|---|
| 18 | 62 | 44 |
| 98 | 18 | 36 |

| | | |
|---|---|---|
| 25 | 47 | 22 |
| 36 | 83 | 11 |

# Rechenstrategien - Subtrahieren

**Anton**

52 – 38 = 14
52 – 30 = 22
22 – 8 = 14

**Harun**

52 – 38 = 14
52 – 40 = 12
12 + 2 = 14

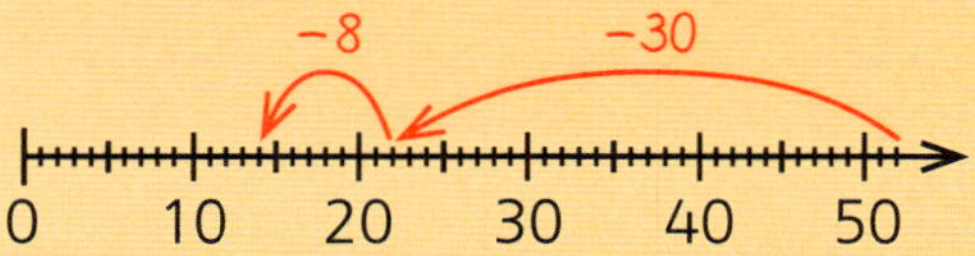


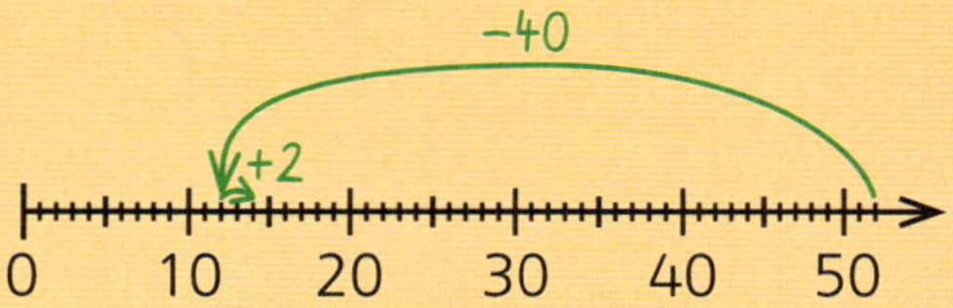


## 1 Rechne wie Anton.

a) 41 – 22 = 
76 – 18 = 
63 – 25 = 
84 – 47 = 

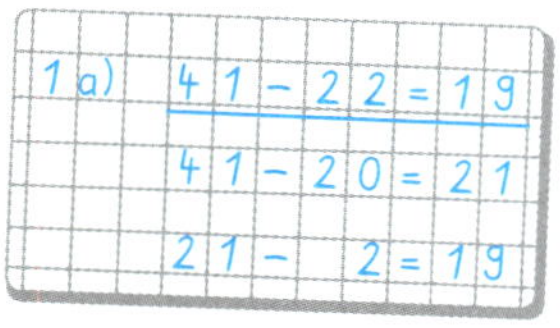


b) 28 – 19 = 
34 – 17 = 
52 – 33 = 
71 – 45 = 

c) 65 – 46 = 
77 – 39 = 
36 – 28 = 
43 – 34 = 

## 2 Rechne wie Harun.

a) 72 – 19 = 
54 – 48 = 
61 – 37 = 
38 – 29 = 

b) 48 – 39 = 
76 – 57 = 
54 – 27 = 
67 – 48 = 

c) 92 – 68 = 
88 – 79 = 
74 – 67 = 
83 – 49 = 

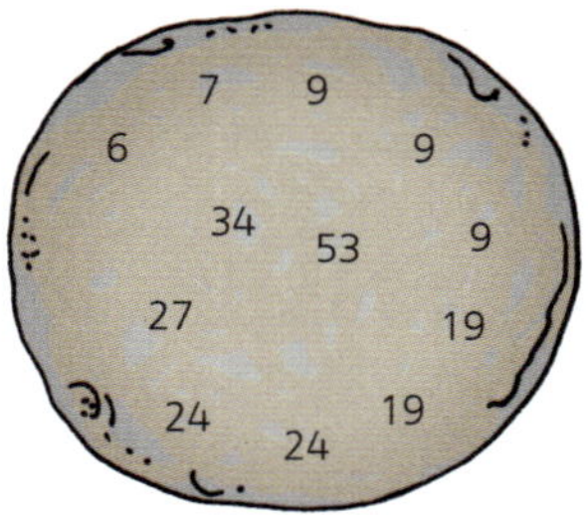


## 3 Wähle einen Rechenweg und rechne.

a) 57 – 28 = 
23 – 15 = 
64 – 36 = 
94 – 75 = 

b) 85 – 29 = 
67 – 28 = 
31 – 19 = 
56 – 37 = 

c) 35 – 28 = 
87 – 59 = 
66 – 17 = 
78 – 48 = 

## Setze fort.

a) 93 – 80 – 67 – ☐

b) 87 – 76 – 64 – 51 – ☐

c) 98 – 81 – 61 – 44 – ☐

 Rechenstrategien bei Subtraktionsaufgaben mit Zehnerüberschreitung kennen lernen. Einen eigenen Rechenweg wählen.

## 4 Was fällt dir auf?

| a) | b) | c) | d) |
|---|---|---|---|
| 45 – 17 = | 74 – 26 = | 65 – 55 = | 91 – 5 = |
| 55 – 17 = | 63 – 26 = | 54 – 44 = | 81 – 15 = |
| 65 – 17 = | 52 – 26 = | 43 – 33 = | 71 – 25 = |
| 75 – 17 = | 41 – 26 = | 32 – 22 = | 61 – 35 = |

## 5 Finde eine Lösung. Schreibe Frage, Rechnung und Antwort.

a) Anna hat in den Ferien 76 Muscheln gesammelt. 38 davon verwendet sie für ein Kunstwerk.

b) Der Eisverkäufer hat 42 Eishörnchen. Gestern waren es noch 87 Hörnchen.

c) Jan hat nur noch 24 Murmeln. Im Spiel hat er 29 Murmeln verloren.

d) Lotta hat 36 € gespart. Sie kauft sich ein Schlauchboot für 29 €.

e) Aki hat 52 €. Er möchte sich ein Schwimm-Abo für die Sommerferien kaufen. Es kostet 38 €.

f) Für ein Rezept braucht Mama 65 Kirschen. Flo und Anja haben 28 Kirschen genascht.

## 6 Denke dir Rechengeschichten aus. Schreibe oder male.

a) 71 – 36 b) 27 – 19 c) 43 – 26

d) 64 – 18 e) 37 – 28 f) 75 – 58

# Subtrahieren

| −17 | |
|---|---|
| 72 | 55 |
| 58 | |
| 63 | |
| 41 | |

72 − 17 = 55
58 − 17 = 41
63 − 17 =
41 − 17 =

| − | 25 | 18 | 34 | 48 |
|---|---|---|---|---|
| 91 | 66 | | | |
| 53 | | | | |
| 67 | | | | |

91 − 25 = 66
91 − 18 = 73
91 − 34 =
91 − 48 =

**1** Rechne und ergänze.

a)

| −29 | |
|---|---|
| 48 | |
| 93 | |
| 77 | |
| 54 | |

b)

| −37 | |
|---|---|
| 61 | |
| 84 | |
| 73 | |
| 91 | |

c)

| −36 | |
|---|---|
| 58 | |
| 37 | |
| 41 | |
| 79 | |

d)

| −39 | |
|---|---|
| 66 | |
| 48 | |
| 81 | |
| 97 | |

e)

| −19 | |
|---|---|
| 36 | |
| 24 | |
| 67 | |
| 78 | |

f)

| −24 | |
|---|---|
| 72 | |
| | 47 |
| | 38 |
| 99 | |

g)

| − | |
|---|---|
| 67 | 39 |
| | 68 |
| 41 | |
| 56 | |

h)

| − | |
|---|---|
| | 79 |
| 23 | |
| | 64 |
| 44 | 27 |

**2** Rechne und ergänze.

a)

| | −23 | +34 |
|---|---|---|
| 70 | | |
| 51 | | |
| 39 | | |
| 68 | | |

b)

| | +16 | − |
|---|---|---|
| 25 | | |
| 74 | | |
| | 22 | |
| | 73 | 55 |

c)

| | | |
|---|---|---|
| 16 | 42 | |
| 40 | | |
| | 60 | |
| 51 | | 35 |

Schreibe eine eigene Rechenmaschine für ein anderes Kind. 

 Unterschiedliche Übungsformate zur Subtraktion im Zahlenraum bis 100 anwenden.

**3** Rechne. Schreibe in dein Heft.

a)

| – | 16 | 19 | 11 | 20 |
|---|---|---|---|---|
| 24 | | | | |
| 37 | | | | |
| 41 | | | | |

b)

| – | 19 | 29 | 38 | 48 |
|---|---|---|---|---|
| 74 | | | | |
| 78 | | | | |
| 66 | | | | |

c)

| – | 39 | | 23 | |
|---|---|---|---|---|
| 85 | | 68 | | |
| 41 | | | | 13 |
| | | 40 | | |

d)

| + | 32 | 29 | 34 | 11 |
|---|---|---|---|---|
| 17 | | | | |
| 34 | | | | |
| 58 | | | | |

e)

| + | | | 33 | |
|---|---|---|---|---|
| 41 | 87 | | | |
| | 63 | 42 | | |
| 19 | | | | 64 |

f)

| + | 19 | | 57 | |
|---|---|---|---|---|
| | | | 95 | |
| 27 | | | | 69 |
| 16 | | 78 | | |

**4** Setze das passende Zeichen ein.

4a) 64 – 37 < 29

a) 64 – 37 ◯ 29
82 – 39 ◯ 43
48 – 22 ◯ 54
58 – 19 ◯ 38
25 – 14 ◯ 29

b) 44 – 27 ◯ 17
68 – 49 ◯ 20
77 – 38 ◯ 50
45 – 16 ◯ 57
52 – 33 ◯ 40

c) 56 – 48 ◯ 10
35 – 19 ◯ 15
94 – 6 ◯ 40
82 – 55 ◯ 27
40 – 13 ◯ 40

Denke dir eigene Aufgaben aus.

a) Das Ergebnis ist kleiner als 50.

b) Das Ergebnis ist größer als 50.

c) Das Ergebnis ist zwischen 90 und 100

**5** Finde die passende Zahl.

5a) 46 – 27 = 35 – 16

a) 46 – 27 = 35 – ☐
72 – 54 = 48 – ☐
84 – 34 = 70 – ☐
69 – 41 = 45 – ☐
53 – 14 = 41 – ☐

b) 99 – 38 = 75 – ☐
81 – 25 = 68 – ☐
56 – 46 = 30 – ☐
48 – 29 = 34 – ☐
74 – 29 = 56 – ☐

c) 75 – 38 = 54 – ☐
41 – 15 = 68 – ☐
83 – 46 = 51 – ☐
78 – 69 = 37 – ☐
66 – 47 = 82 – ☐

# Jahrmarkt

1 Erzähle und finde Aufgaben.

**2** Finde Bilder zu den Aufgaben.

2 a) F: Wie viele Lose sind jetzt übrig?
R: $72 - 28 = 44$
A: Jetzt sind 44 Lose übrig.

**Tombola**

a) $72 - 28$

b) $12 : 4$

**Zirkus**

c) $8 \cdot 4$ €

d) $4 \cdot 4$ €

**Zuckerwatte**

e) $25 - 17$

f) $8 \cdot 2$ €

**Riesenrad**

g) $33 + 48$

h) $16 : 4$

**3** Was rechnest du?

a) Kai hat für jedes Kind seiner Klasse ein Los gekauft. In seiner Klasse gibt es 26 Kinder. Davor hatte der Losverkäufer 72 Lose.

b) Die Achterbahn hat 56 Plätze. In jeden Wagen passen 8 Kinder.

c) Die Klasse 2c hat einen Stand mit gebastelten Perlenketten. Von den 74 Ketten haben sie schon 37 verkauft.

d) Herr Kugel hat 6 Kartons mit Zucker bestellt, um damit Zuckerwatte zu machen. In jedem Karton sind 8 Pakete mit Zucker.

e) In die Berg- und Talbahn passen 48 Kinder. 71 Kinder stehen in der Schlange vor der Kasse.

f) Ilse Meyer verkauft Mandeln. 24 Tüten hat sie schon gefüllt. 28 weitere Tüten müssen noch gefüllt werden.

**4** Denke dir selbst eine passende Rechengeschichte aus.

a) $48 : 6 =$

b) $52 - 34 =$

c) $6 \cdot 3 =$

# Kleiner, größer oder gleich?

34 > 22

41 < 43

## 1 Vergleiche immer zwei Zahlen.

| a) | b) | c) | d) |
|---|---|---|---|
| 23 ◯ 74 | 63 ◯ 70 | 44 ◯ 33 | 37 ◯ 52 |
| 89 ◯ 87 | 16 ◯ 46 | 67 ◯ 87 | 41 ◯ 49 |
| 52 ◯ 24 | 39 ◯ 32 | 32 ◯ 23 | 64 ◯ 62 |
| 36 ◯ 38 | 17 ◯ 17 | 61 ◯ 16 | 48 ◯ 48 |

## 2 Finde eine passende Zahl.

| a) | b) | c) | d) |
|---|---|---|---|
| 62 > ☐ | 15 < ☐ | ☐ > 50 | ☐ = 47 |
| 33 < ☐ | 72 < ☐ | ☐ < 35 | ☐ > 29 |
| 74 < ☐ | 63 > ☐ | ☐ < 81 | ☐ < 14 |
| 99 > ☐ | 54 = ☐ | ☐ > 98 | ☐ > 60 |

## 3 Finde das passende Zeichen.

| a) | b) | c) |
|---|---|---|
| 24 + 51 ◯ 82 | 62 – 48 ◯ 25 | 94 – 36 ◯ 52 |
| 73 – 27 ◯ 50 | 15 + 34 ◯ 51 | 86 + 12 ◯ 98 |
| 31 + 49 ◯ 75 | 44 – 25 ◯ 19 | 62 – 45 ◯ 20 |

## 4 Finde das passende Zeichen.

| a) | b) | c) | d) |
|---|---|---|---|
| 16 ◯ 2 · 8 | 34 ◯ 4 · 9 | 56 : 8 ◯ 6 | 50 : 10 ◯ 4 |
| 27 ◯ 5 · 7 | 72 ◯ 9 · 8 | 18 : 6 ◯ 3 | 81 : 9 ◯ 9 |
| 56 ◯ 6 · 6 | 49 ◯ 6 · 7 | 63 : 7 ◯ 5 | 36 : 6 ◯ 5 |

## 5 Setze die Zahlen richtig ein.

a) 27 : ☐ = 9
26 + 36 > ☐
☐ – 24 < 16

5 a) 27 : 3 = 9

b) 48 : 8 > ☐
71 – ☐ < 68
10 · ☐ > 70

c) 59 + ☐ = 75
7 · ☐ > 51
63 : 7 < ☐

16 30 8 14 3 11 49 4 9

## 6 Finde das passende Rechenzeichen.

a) 2 · 6 ◯ 24 – 13
6 · 7 ◯ 19 + 21
5 · 8 ◯ 73 – 21

6 a) 12 > 11

b) 72 : 9 ◯ 72 – 64
56 : 7 ◯ 94 – 82
18 : 3 ◯ 63 : 9

c) 4 · 5 ◯ 82 – 62
8 · 8 ◯ 32 + 33
9 · 4 ◯ 54 – 16

## 7 Setze fort und finde das passende Rechenzeichen.

a) 7 ◯ 1 < 7 + 1
8 ◯ 2 < 8 + 2
9 ◯ 3 < 9 + 3
☐ ◯ ☐ < ☐ + ☐

b) 7 ◯ 2 < 7 + 2
8 ◯ 3 < 8 + 3
9 ◯ 4 < 9 + 4
☐ ◯ ☐ < ☐ + ☐

c) 12 ◯ 6 < 12 – 6
10 ◯ 5 < 10 – 5
8 ◯ 4 < 8 – 4
☐ ◯ ☐ < ☐ – ☐

## Kannst du die Fragen beantworten?

a)

b)

# Bauen und zählen

**1** Baue nach und bilde Malaufgaben.

a)

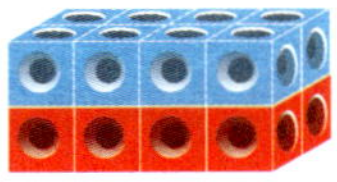

1 a) 8 · 2 = 16

b)

c)

d)

e)

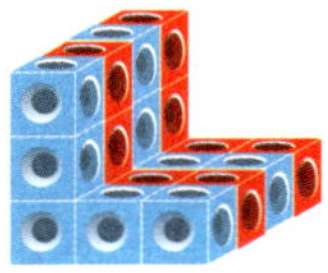

f)

g)

h)

i)

j)

k)

l)

Baue selbst Würfelgebäude für ein anderes Kind. Kann es herausfinden, wie viele Würfel du verwendet hast?

Welcher Würfel hat den Platz getauscht? Baue nach und probiere aus.

a)

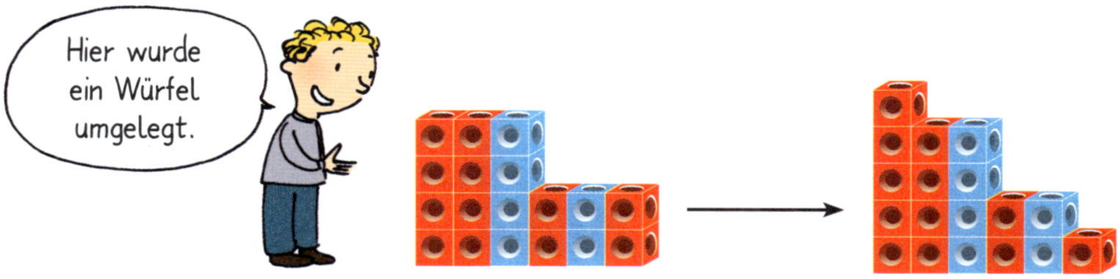


b)

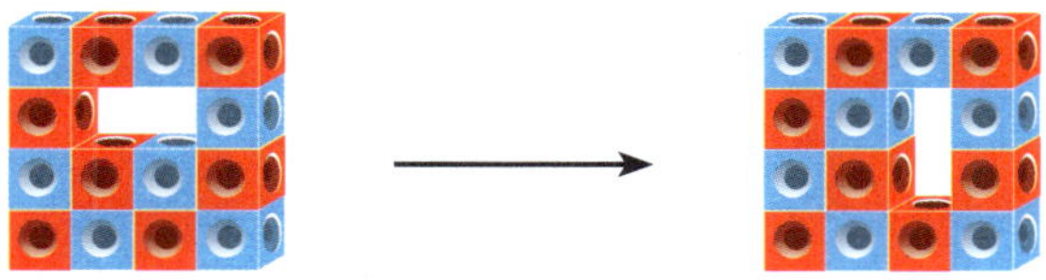

c)

Baue, zeichne und rechne. Wie geht es weiter?

a)

1·1 2·2

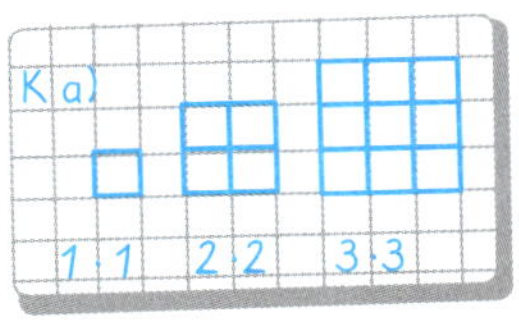

b)

c)

# 64 Baupläne

| | | | | | |
|---|---|---|---|---|---|
| 2 | 1 | 2 | 2 | 1 | 2 |
| 1 | | 1 | 1 | | 1 |

**1** Schreibe Baupläne. Wie viele Würfel brauchst du? Baue nach.

a) 

b) 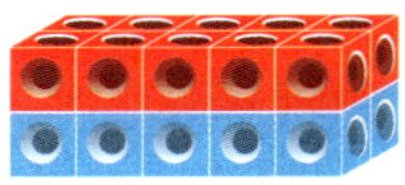

c) 

d) 

e) 

f) 

g) 

h) 

i) 

**2** Baue Würfelgebäude nach den Bauplänen.

a)

| | | | |
|---|---|---|---|
| 2 | 4 | 2 | 4 |
| 1 | 3 | 1 | 3 |

b)

| | | | |
|---|---|---|---|
| 3 | 4 | 5 | 6 |
| | 3 | 4 | 5 |
| | | 3 | 4 |
| | | | 3 |

c)

| | | |
|---|---|---|
| 3 | 2 | 3 |
| 1 | | 1 |
| 2 | | 2 |

d)

| | | | | | |
|---|---|---|---|---|---|
| 5 | 4 | 3 | 3 | 4 | 5 |
| | 2 | 1 | 1 | 2 | |
| | | 1 | 1 | | |

e)

| | | | | |
|---|---|---|---|---|
| 1 | 2 | 3 | 4 | 5 |
| 5 | 4 | 3 | 2 | 1 |

f)

| | | | | |
|---|---|---|---|---|
| 4 | 1 | 3 | 1 | 4 |
| 2 | | | | 2 |

 Zu Würfelgebäuden Baupläne zeichnen. Anhand von Bauplänen Würfelgebäude bauen.

Baue ein Gebäude mit 10 Würfeln und zeichne den Bauplan auf. Lass ein anderes Kind nachbauen. Vergleicht die Gebäude.

Nimm dein Würfelgebäude und lege einen Würfel um. Findet ein anderes Kind die Veränderung?

**3** Jedes Würfelgebäude besteht aus 20 Würfeln. Ergänze.

a)

| | | |
|---|---|---|
| | | |
| 3 | 4 | 5 |
| | | |

b)

| | | | | |
|---|---|---|---|---|
| | | 2 | | |
| | 3 | 3 | | |
| 2 | | | | |

c)

| | | |
|---|---|---|
| | | 1 |
| | 7 | |
| 1 | | |

**4** Welcher Bauplan und welches Würfelgebäude passen zusammen?

a)

1)

| | | | | |
|---|---|---|---|---|
| 3 | 4 | 3 | | |
| 2 | 1 | 2 | 1 | 2 |
| 1 | 2 | 1 | 2 | 1 |

b)

2)

| | | | |
|---|---|---|---|
| 4 | 3 | 2 | 2 |
| 2 | 2 | 1 | 2 |
| 1 | 1 | | 1 |

c)

3)

| | | | | |
|---|---|---|---|---|
| | 5 | | 4 | |
| 3 | 2 | 3 | 3 | |
| 2 | 1 | 2 | 2 | |
| 1 | | | 2 | 1 |

Was kann das sein? Überlege und baue erst zur Kontrolle.

T) Sofa

a)

| | | | |
|---|---|---|---|
| 3 | 3 | 3 | 3 |
| 2 | 1 | 1 | 2 |

b)

| | | |
|---|---|---|
| 4 | 3 | 4 |
| 3 | 5 | 3 |
| 4 | 3 | 4 |

c)

| | | | |
|---|---|---|---|
| 1 | 2 | 3 | 4 |
| | 1 | 2 | 3 |

Burg | Haus | Sofa | Tisch | Treppe

# Die Uhr - viertel und halb

**1** Schaue dir die oben abgebildeten Uhren genau an. Welche Uhren kennst du? Welche Uhren hast du zu Hause? Besprich mit einem anderen Kind.

**2** Wie spät ist es?

2 a) Es ist 3 Uhr.
Es ist 15 Uhr.

a) 
b) 
c) 
d) 
e) 
f) 
g) 
h) 

**3** Stelle die Uhrzeiten auf einer Spieluhr ein.

a) 8 Uhr b) 16 Uhr c) 21 Uhr d) 0 Uhr
e) 14 Uhr f) 23 Uhr g) 17 Uhr h) 6 Uhr

**4** Beantworte die Fragen.

a) Was macht Lisa um 14 Uhr?
b) Wann steht Lisa auf?
c) Um wie viel Uhr beginnt die Schule?
d) Geht Lisa zuerst schwimmen oder räumt sie zuerst auf?

Lisa

| | |
|---|---|
| 6 Uhr | Aufstehen |
| 7 Uhr | Frühstück |
| 8 Uhr | Schule |
| 14 Uhr | Schwimmen |
| 16 Uhr | Aufräumen |

 Unterschiedliche Uhren besprechen. Volle Uhrzeiten ablesen und einstellen. Informationen aus einem Tageslauf entnehmen.

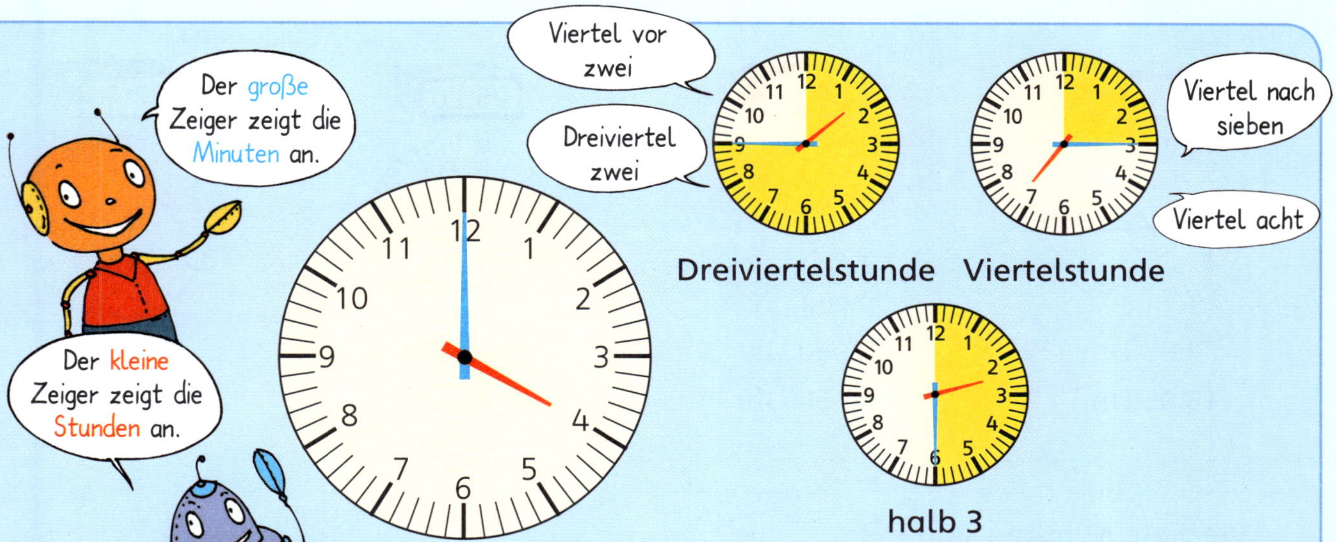


| Eine Stunde hat 60 Minuten. | Eine halbe Stunde hat 30 Minuten. | Eine viertel Stunde hat 15 Minuten. |
|---|---|---|

**5** Wie spät ist es? 5 a) Es ist halb 5.

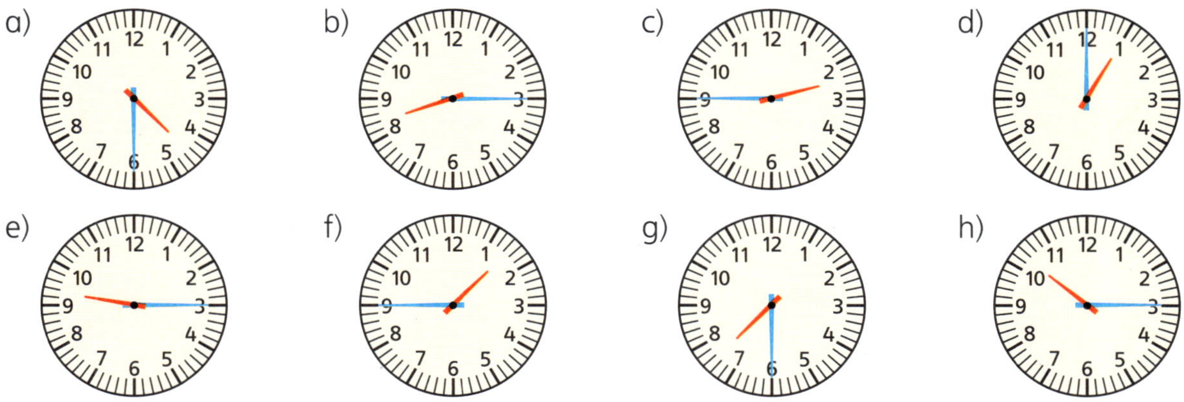


**6** Stelle die Uhrzeiten auf einer Spieluhr ein.

a) 01:45 Uhr b) halb 5 c) 07:15 Uhr
d) 10:15 Uhr e) halb 4 f) 11:45 Uhr
g) 13 Uhr h) 07:45 Uhr i) halb 9

**7** Kannst du so wie Lukas und Anna Uhrzeiten in Schritten benennen? Wie geht es weiter?

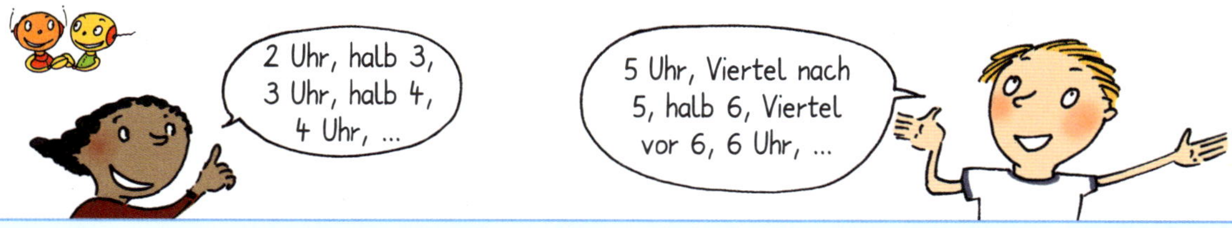

# Die Uhrzeit bestimmen

3:05 Uhr
15:05 Uhr

06:50 Uhr
18:50 Uhr

06:20 Uhr
18:20 Uhr

10:40 Uhr
22:40 Uhr

## 1 Wie viele Minuten sind es?

a) 

1 a) 15 Minuten

b) 

c) 

d) 

## 2 Schreibe beide Uhrzeiten auf.

a) 

2 a) 4:35 Uhr
16:35 Uhr

b) 

c) 

d) 

e) 

f) 

g) 

h) 

i) 

## 3 Welche Uhrzeit fehlt?

a) 

b) 

c) 

## 4 Stelle die Uhrzeiten auf deiner Spieluhr ein.

a) 16:00 Uhr b) 20:05 Uhr c) 3:15 Uhr d) 6:10 Uhr e) 9:45 Uhr

5 **Finde die passenden Antworten.**

a) Um wie viel Uhr macht Emma Hausaufgaben?

5 a) 15:10 Uhr

b) Was macht Tom um 10 nach 7?

c) Wann steht Emma auf?

d) Zu welchen Uhrzeiten isst Emma?

e) Was macht Tom um 19:05 Uhr?

f) Gehen Emma und Tom zur selben Zeit schlafen?

g) Emma geht zur Bushaltestelle. Was macht Tom gerade?

h) Was macht Tom um viertel vor 1?

6 **Um wie viel Uhr machst du das? Vergleiche mit einem anderen Kind.**

a) in die Schule gehen | b) Frühstück essen | c) Hausaufgaben machen
d) das Zimmer aufräumen | e) baden | f) Zähne putzen

**Schreibe deinen eigenen Tagesablauf.**

# Wie lange dauert es?

**1** Wie viele Minuten sind vergangen?

1a) 7:00 Uhr → 7:30 Uhr
30 min. später

a) 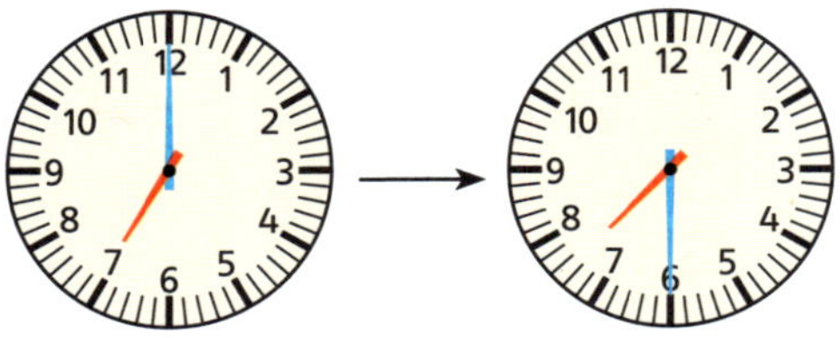

b) 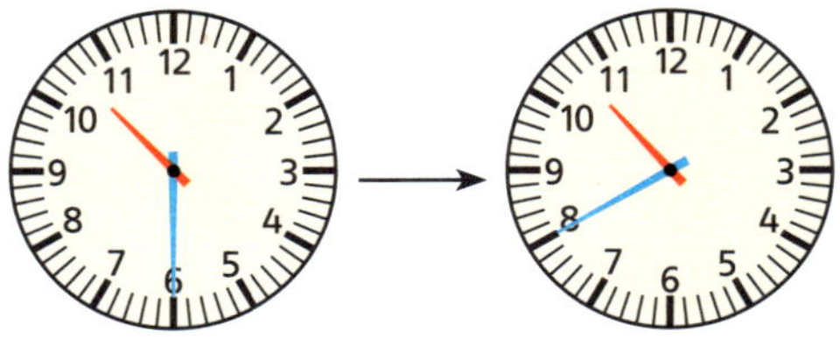

c) 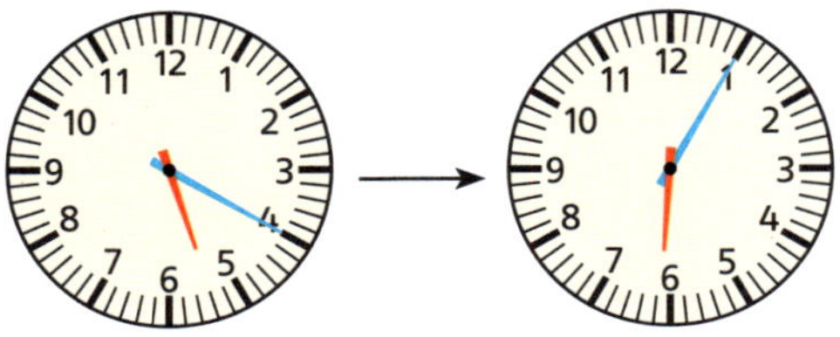

d) 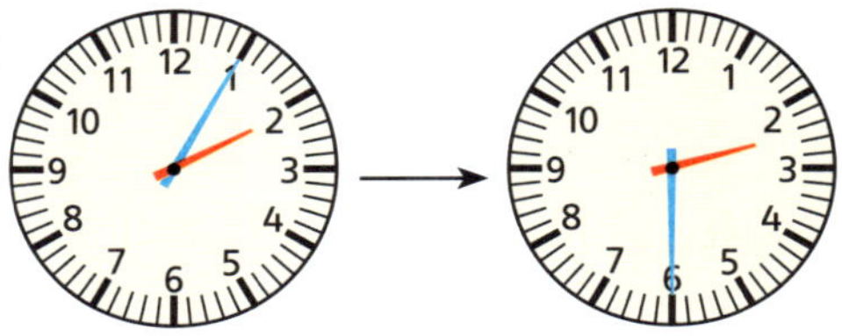

**2** Wie spät ist es jetzt?

2a) 9:00 Uhr → 10:00 Uhr
1 Stunde später

a)  1 Stunde später →

b)  2 Stunden später →

c)  4 Stunden später →

d)  6 Stunden später →

e)  3 Stunden später →

f)  2 Stunden später →

**3** Wie spät war es? Verwende die Uhrzeiten aus Aufgabe 2. 

a) vor 2 Stunden

b) vor 3 Stunden

c) vor 4 Stunden

| WOCHENPLAN von Familie Schmidt | | | | | | | |
|---|---|---|---|---|---|---|---|
| | Montag | Dienstag | Mittwoch | Donnerstag | Freitag | Samstag | Sonntag |
| 14:00 | | | | | | ZOO! | |
| 15:00 | | Augenarzt MAMA | | | | | |
| 16:00 | | | LEO Klavier | | | | |
| 17:00 | | | Jonathan Schwimmen | Frisör PAPA! | | | |
| 18:00 | | | | | Oma Emmi Geburtstag | | |
| 19:00 | | | | Elternabend 2a | | | |
| 20:00 | THEATER | | | | | | |
| 21:00 | | | | | | | |

4 Beantworte die Fragen.

a) Mama hat einen Termin beim Augenarzt. Sie geht um 14:30 Uhr los und ist um 17:00 Uhr wieder zu Hause. Wie lange war sie weg?

b) Am Sonntag gehen wir alle ins Kino. Der Film beginnt um 15 Uhr und endet um 16:30 Uhr. Wie lange dauert der Film?

c) Am Samstag gehen wir in den Zoo. Dort bleiben wir 3 Stunden und 45 Minuten. Um wie viel Uhr verlassen wir den Zoo?

d) Jonathan geht alleine ins Schwimmbad. Der Weg dauert 15 Minuten. Er schwimmt von 17:00 Uhr bis 18:15 Uhr. Dann spaziert er wieder zurück. Wann kommt Jonathan nach Hause und wie lange war er weg?

e) Heute ist Oma Emmis Geburtstag. Ich bin schon ganz aufgeregt. Deshalb zähle ich wie lange es noch dauert, bis die Party beginnt. Es ist jetzt 14:25 Uhr. Kannst du mir helfen?

5 Schreibe ähnliche Fragen wie in Aufgabe 4 für ein anderes Kind.

Schreibe einen Wochenplan für deine Familie und schreibe Rechengeschichten für ein anderes Kind.

# Die Monate und Tage des Jahres

**1** Schreibe die Wochentage auf und male zu jedem Wochentag ein passendes Bild.

**2** Wie viele Tage hat jeder Monat?

a) Wie viele Tage hat der Januar?
b) Wie viele Tage hat der Juli?
c) Welche Monate haben nur 30 Tage?
d) Welche Monate haben 31 Tage?
e) Welcher Monat ist am kürzesten?

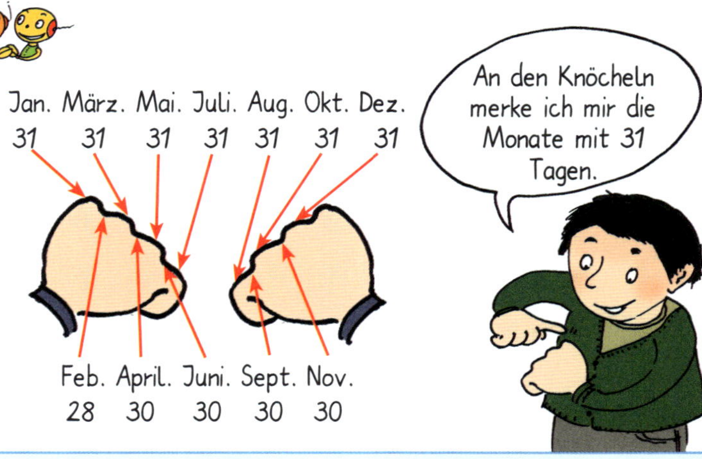


**3** Schreibe immer das kurze Datum.

| a) | b) | c) |
|---|---|---|
| 1. Juni | 23. April | 14. Mai |
| 4. Februar | 16. Januar | 20. März |
| 31. August | 27. Oktober | 30. Dezember |
| 21. Juli | 11. November | 8. September |

3 a) 1. 6.

**4** Schreibe das Datum aus.

| a) | b) | c) |
|---|---|---|
| 4. 9. | 22. 2. | 8. 3. |
| 21. 7. | 16. 5. | 20. 1. |
| 31.10. | 29. 8. | 15. 4. |
| 12. 6. | 10.12. | 2.11. |

4 a) 4. September

 Monatsnamen und die Anzahl ihrer Tage besprechen. Zwei Schreibweisen des Datums kennen lernen.

5 Kannst du die Fragen beantworten?

a)

| Januar | | | | | | |
|---|---|---|---|---|---|---|
| Mo | Die | Mi | Do | Fr | Sa | So |
| – FERIEN | 1 | 2 | 3 | 4 | 5 | 6 |
| 1. Schultag 7 | 8 | 9 | 10 | 11 | bei Onkel Lukas 12 | 13 |
| 14 | Zahnarzt 15 | 16 | 17 | 18 | 19 | 20 |
| 21 | 22 | 23 | 24 | LEOS PARTY 25 | 26 | 27 |
| 28 | 29 | 30 | MUSEUM 31 | | | |

b)

| Juni | | | | | | |
|---|---|---|---|---|---|---|
| Mo | Die | Mi | Do | Fr | Sa | So |
| | | | Schwimmbad 1 | 2 | 3 | OMA + OPA bei uns! 4 |
| 5 | 6 | 7 | Schwimmbad 8 | 9 | Geburtstag MAMA 10 | 11 |
| Flohmarkt 12 | 13 | 14 | Schwimmbad 15 | 16 | 17 | Besuch bei Oma + Opa 18 |
| 19 | 20 | Sommer! 21 | Schwimmbad 22 | 23 | 24 | 25 |
| 26 | 27 | 28 | Schwimmbad 29 | 30 | | |

c) Bilde eigene Fragen und Sätze.

Schreibe einen eigenen Kalender für ein anderes Kind.

Trage deinen Geburtstag in den Kalender ein.

# Aus der Zeitung

**a**

Die Schüler der Klasse 2b haben sich gemessen. Das größte Kind der Klasse ist 3 Meter und 45 Zentimeter groß.

**b**

FREIWILLIGE HELFER GESUCHT

Das Tierheim „Tierlieb" sucht noch Kinder, die mit den 15 Hunden spazieren gehen oder sich um die 27 Katzen kümmern. Die 48 Vierbeiner freuen sich schon auf euch. Telefon: 741109

**c**

FERIEN IM SOMMERLAGER

Hast du Lust die Sommerferien unter freiem Himmel zu verbringen? Dann komm mit uns zum Zeltlager Westernohe.

Termin: 17.-25. November

Bitte melde dich unter der Telefonnummer: 123

**d**

WERBUNG

Restaurant Schlemmerland

Preise

| | |
|---|---|
| Schnitzel mit Pommes | 91 € |
| Nudeln mit Tomatensoße | 15 ct |
| Würstchen mit Kartoffelsalat | 7 € |
| Eistorte mit Sahne | 3 € |
| Hamburger | 4 € |

**e**

SPORT WEITSPRUNG-MEISTERSCHAFT

Ergebnisse

| | |
|---|---|
| 1. Karl Kuhn | 3 Meter 75 Zentimeter |
| 2. Mia Mai | 8 Meter 70 Zentimeter |
| 3. Erna Engel | 42 Meter |

**g**

Die 97 Schulkinder aus der Klasse 2a der Waldschule haben eine Klassenreise gewonnen. Sie fahren für 20 Wochen in den Schwarzwald.

**f**

Der Tennisspieler Peter Bauer fliegt nächste Woche von Deutschland nach Italien. Der Flug dauert 3 Wochen. Danach hat er sein Turnier in Rom.

1. Kann das stimmen? Finde Fehler in den Artikeln.

2. Verbessere die Artikel so, dass sie einen Sinn ergeben.

 Fehler in Zeitungsartikeln finden und verbessern bzw. passendere Zahlen finden. Eigene Artikel mit Fehlern schreiben.

a

FUNDGRUBE

Heute wurde eine Geldbörse mit 55 € abgegeben, gestern eine mit 38 €.

b

URLAUB

Flug nach Rom vom 1.7.-15.7.

Erwachsener 79 €, Kind 49 €

Flug nach Pisa vom 13.7.-27.7

Erwachsener 69 €, Kind 39 €

c

SONDERANGEBOT BEI SPIELWAREN HUBERT

| | |
|---|---|
| Eisenbahn | 58 € |
| Spielesammlung | 3 € |
| Labyrinth | 8 € |

SONDERANGEBOT:

Eisenbahn + Spielesammlung + Labyrinth für 70 €

d

Nur noch 33 Tage

Alle Schuhe zum halben Preis

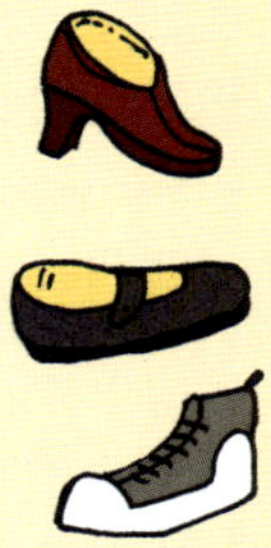

~~76 €~~

~~34 €~~

~~48 €~~

~~52 €~~

e

NEUIGKEITEN AUS DEM ZOO

Von den 27 Hasen aus dem Streichelzoo werden 19 an tierliebe Familien verschenkt.

Tel. 41873

f

BÜCHEREI LESERATTE

Letzte Woche erhielt die Bücherei eine Lesekiste mit 43 Bücher von der Firma Lother. Gestern bekamen sie eine Kiste mit 54 Büchern.

3 Finde Rechengeschichten zu den Artikeln.

Schreibe eigene Texte für deinen Partner.

## 1 Wie rechnest du?

a) 67 + 14 =
54 + 28 =
38 + 47 =

b) 48 + 29 =
66 + 25 =
14 + 57 =

c) 45 + 19 =
71 + 18 =
35 + 26 =

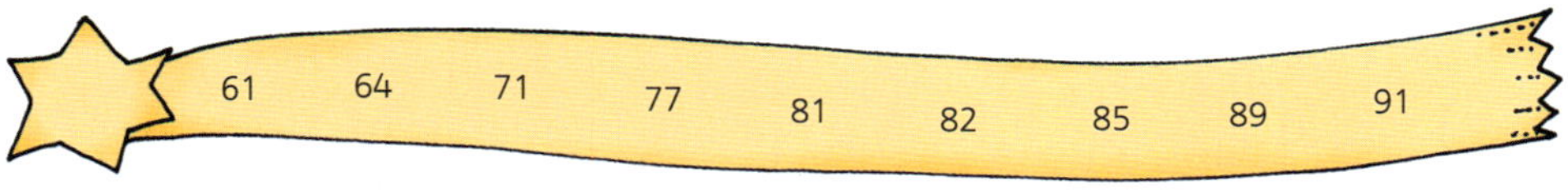

## 2 Rechne auf deine Weise.

a) 82 – 47 =
56 – 28 =
93 – 68 =
71 – 63 =
91 – 53 =

b) 67 – 30 =
73 – 45 =
54 – 27 =
82 – 36 =
52 – 46 =

c) 96 – 78 =
37 – 19 =
81 – 69 =
46 – 29 =
71 – 48 =

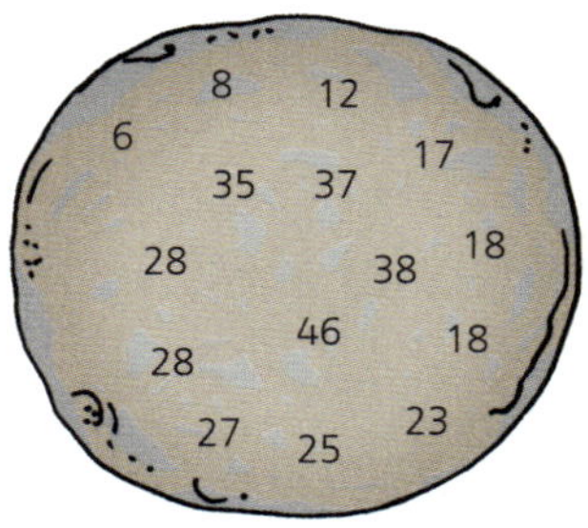


## 3 Schreibe alle Plus- und Minusaufgaben auf und ergänze.

a)

b)
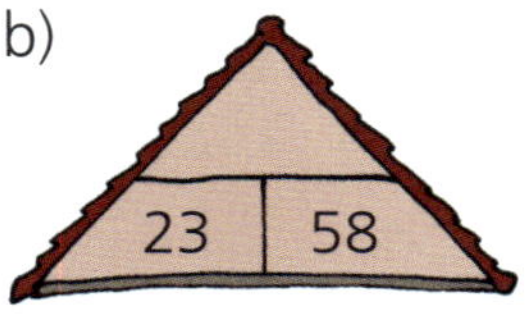


c)

d)
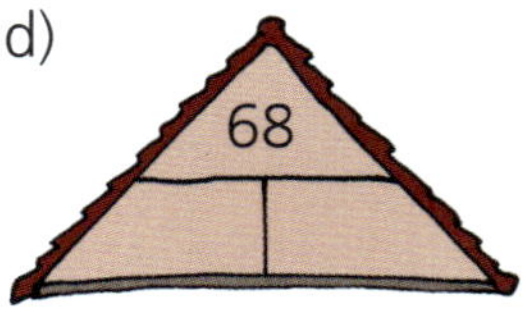


## 4 Ergänze. Schreibe in dein Heft.

a)
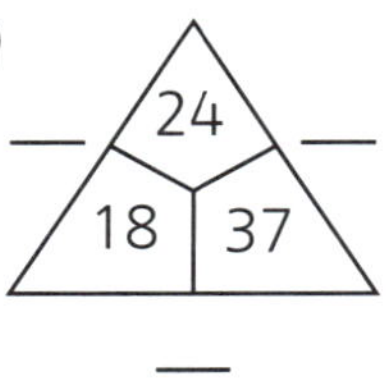


b)
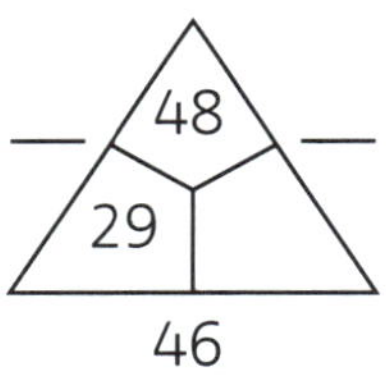


c)
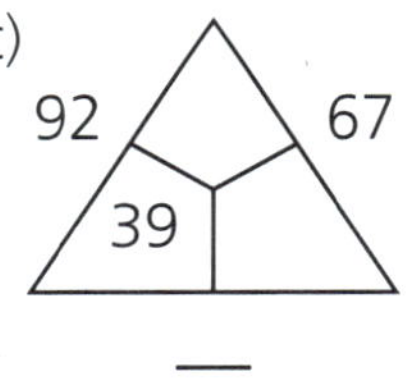


d)
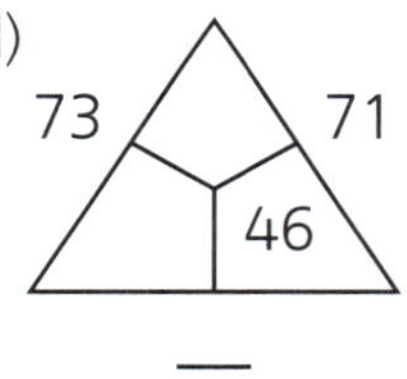


## 5 Schreibe Frage, Rechnung und Antwort.

a) Mia hat 27 Aufkleber in ihrem Album. Ihre Schwester Frieda hat schon 38 Aufkleber gesammelt.

b) Jakob hat 17 Murmeln weniger als Milad. Milad hat 72 Murmeln.

6 Miss und sortiere der Größe nach.

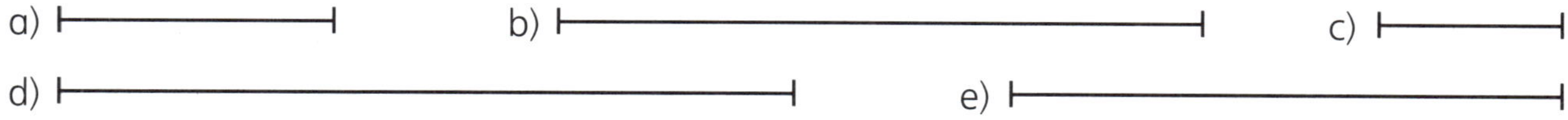


7 Welcher Bauplan passt?

a)

| | | |
|---|---|---|
| 3 | 4 | 5 |
| | | 4 |
| | | 4 |
| 3 | 4 | 5 |

b)

| | | |
|---|---|---|
| 3 | 4 | 5 |
| | | 6 |
| | | 6 |
| 3 | 4 | 5 |

8 Wie spät ist es? Schreibe immer beide Uhrzeiten.

a) 

b) 

c) 

d) 

e) 

f) 

g) 

h) 

# Das haben wir gelernt

## Rechenstrategien - Subtrahieren

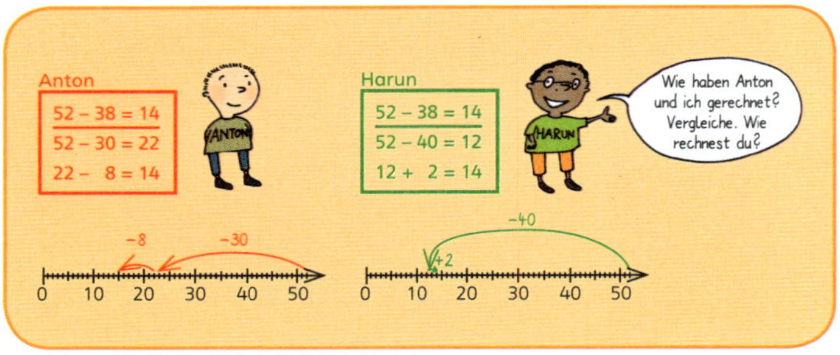


## Rechenstrategien - Addieren

## Multiplizieren - Dividieren

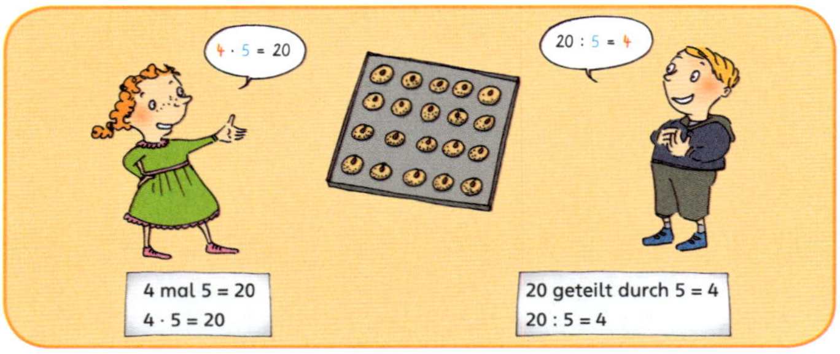


## Körper

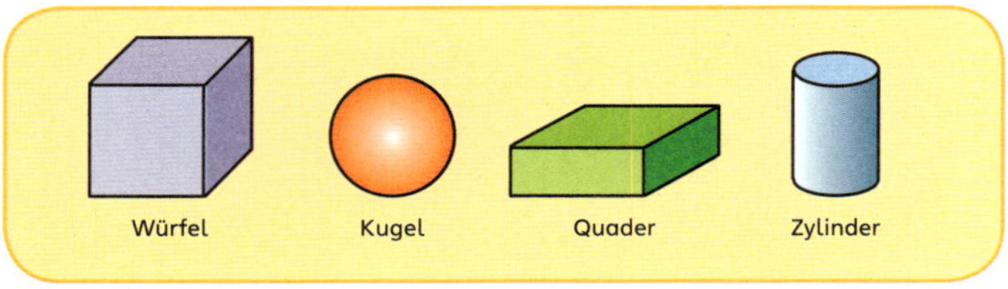


## Flächen

## Spiegelsymmetrie

## Häufig, selten, nie

## Meter und Zentimeter

## Die Zeit

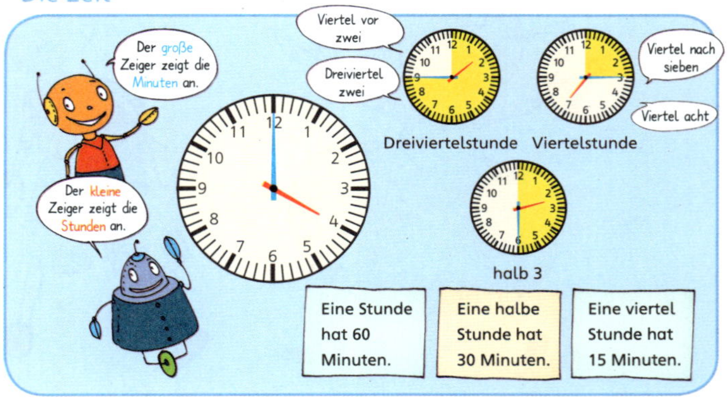